江西理工大学清江学术文库
国家自然科学基金（52004106） 资助

赣南离子型稀土渗透特性及土水作用机理

郭钟群 著

北 京
冶 金 工 业 出 版 社
2021

内 容 提 要

本书根据离子型稀土原地浸矿工程背景，以赣南离子型稀土为研究对象，围绕离子型稀土渗流特性及土水作用机理进行了系统研究。内容主要包括离子型稀土渗透特性国内外研究进展，离子型稀土一维渗流规律及其影响因素，离子型稀土二维入渗规律及计算模型，离子型稀土持水特性及其作用机理，离子型稀土的分形特性及土-水特征曲线预测模型。

本书可供岩土工程、采矿工程等相关领域的科研人员和工程技术人员阅读，也可供高校相关专业师生参考。

图书在版编目(CIP)数据

赣南离子型稀土渗透特性及土水作用机理/郭钟群著.—北京：冶金工业出版社，2021.4

ISBN 978-7-5024-8766-9

Ⅰ.①赣… Ⅱ.①郭… Ⅲ.①稀土元素矿床—金属矿开采—研究—赣南地区 Ⅳ.①TD865

中国版本图书馆CIP数据核字(2021)第062535号

出版人 苏长永
地　址 北京市东城区嵩祝院北巷39号 邮编 100009 电话 (010)64027926
网　址 www.cnmip.com.cn 电子信箱 yjcbs@cnmip.com.cn
责任编辑 郭冬艳 美术编辑 吕欣童 版式设计 禹 蕊
责任校对 郭惠兰 责任印制 禹 蕊
ISBN 978-7-5024-8766-9
冶金工业出版社出版发行；各地新华书店经销；三河市双峰印刷装订有限公司印刷
2021年4月第1版，2021年4月第1次印刷
169mm×239mm；8.25印张；159千字；123页
66.00元

冶金工业出版社 投稿电话 (010)64027932 投稿信箱 tougao@cnmip.com.cn
冶金工业出版社营销中心 电话 (010)64044283 传真 (010)64027893
冶金工业出版社天猫旗舰店 yjgycbs.tmall.com

前　言

离子型稀土（也称为风化壳淋积型稀土）是我国特有、世界关注的重要战略矿产资源，主要分布在以江西省为代表的我国南方地区。在该类矿床中，稀土以水合阳离子或羟基水合阳离子形式吸附在黏土矿物上，无法采用常规的采选方法富集稀土。经过我国科技工作者多年的努力，已建立了用盐类浸矿剂溶浸开采稀土的方法，目前主要采用原地浸矿工艺。原地浸矿不需开挖矿体，只需在矿区内布设注液孔网，向矿体注入浸矿液进行原位溶浸，通过化学交换作用解吸稀土离子，具有开采工艺简单、生产成本低等优点。

在离子型稀土溶浸开采过程中，溶浸液入渗速率和入渗范围难以预测和有效控制，矿体渗流规律不清、土水特性作用机理不明，生产中多凭经验确定井网参数和注液强度，造成稀土浸取率不确定性大和资源利用率低，这些问题在一定程度上制约了离子型稀土高效开发利用。本书依据离子型稀土原地浸矿工程背景，以赣南离子型稀土为研究对象，通过室内试验和理论分析相结合的研究方法，围绕离子型稀土渗流特性及影响因素、土-水特征曲线模型及作用机理进行了系统研究。研究成果可以为设置注液孔网参数提供理论依据，有助于预测和适时调控原地浸矿过程，从而提高稀土资源浸取率，对于保护和利用稀土战略资源具有重要意义。

全书共分6章：第1章综述了离子型稀土渗透特性国内外研究进展；第2章介绍了离子型稀土一维水平和垂直渗流规律及其影响因素；第3章介绍了不同水头条件下离子型稀土二维入渗规律及入渗模型；第4章介绍了不同粒径及级配的离子型稀土二维入渗规律及计算模型；第5章介绍了离子型稀土持水特性影响因素及其作用机理。第6章介绍了离子型稀土粒径分形特性及土-水特征曲线预测模型。

在本书出版之际，特别感谢我的两位导师中国科学院西北生态环境资源研究院赖远明院士、江西理工大学赵奎教授给予的精心指导和无私帮助。在本书的撰写过程中，得到了江西理工大学兰小机教授、金解放教授、王晓军教授、王观石教授、朱易春教授的大力支持，在此一并表示衷心感谢！此外，感谢研究生邱灿、陶伟、程昀、袁伟、梁晨、王杰、周尖荣、徐虹、周可凡对于本书的付出与贡献！

本书内容涉及的有关研究及出版得到了国家自然科学基金项目（52004106）和江西理工大学优秀学术著作出版基金的资助，在此表示诚挚的感谢！

由于作者水平及经验有限，书中不妥之处，恳请读者批评指正！

作　者

2021.1

目　录

1　绪论 …… 1
1.1　概述 …… 1
1.2　国内外研究现状 …… 5
1.2.1　离子型稀土渗流规律的研究现状 …… 5
1.2.2　非饱和土入渗模型的研究现状 …… 8
1.2.3　非饱和土土-水特征曲线的研究现状 …… 13
2　离子型稀土一维水平和垂直渗流规律 …… 20
2.1　一维水平渗流规律 …… 20
2.1.1　一维水平渗流试验装置 …… 20
2.1.2　试验材料 …… 21
2.1.3　一维水平渗流规律 …… 21
2.2　一维垂直渗流规律 …… 26
2.2.1　一维垂直渗流试验装置 …… 26
2.2.2　试验材料 …… 26
2.2.3　一维垂直渗流规律 …… 27
2.3　Green-Ampt 模型改进与验证 …… 30
2.3.1　模型改进 …… 30
2.3.2　模型验证 …… 32
本章小结 …… 33
3　不同水头下离子型稀土入渗规律及计算模型 …… 34
3.1　试验材料与方法 …… 34
3.1.1　单井注液模拟试验装置 …… 34
3.1.2　试验材料 …… 35
3.1.3　试验过程 …… 36
3.2　二维入渗规律与分析 …… 37
3.2.1　湿润体形状 …… 37

3.2.2　湿润体体积和入渗时间、注液量的关系 …… 41
3.2.3　湿润锋距离与入渗时间的关系 …… 42
3.2.4　湿润锋运移速度与入渗时间的关系 …… 44
3.3　计算模型 …… 46
3.3.1　湿润体半径 …… 46
3.3.2　湿润体体积 …… 50
本章小结 …… 51

4　不同粒径及级配的离子型稀土入渗规律及计算模型 …… 53

4.1　理论关系 …… 53
4.2　试验装置与试验方法 …… 55
4.2.1　数字图像采集试验装置 …… 55
4.2.2　试验材料 …… 56
4.2.3　试验方案 …… 57
4.3　二维入渗规律与计算 …… 60
4.3.1　数字图像处理 …… 60
4.3.2　湿润体形状 …… 61
4.3.3　湿润锋距离 …… 63
4.3.4　湿润锋运移速率 …… 65
4.3.5　平均入渗率 …… 70
4.3.6　经验计算模型 …… 71
本章小结 …… 76

5　离子型稀土持水特性影响因素和作用机理 …… 78

5.1　试验材料与方法 …… 78
5.1.1　试验材料 …… 78
5.1.2　土水特性试验装置 …… 79
5.1.3　土水特性试验方案 …… 80
5.2　土-水特征曲线模型及分析 …… 81
5.2.1　土-水特征曲线模型 …… 81
5.2.2　土-水特征曲线及特征参数分析 …… 83
5.3　持水特性的影响因素分析和作用机理 …… 88
5.3.1　粒径对土体持水特征的影响 …… 88
5.3.2　粒径对离子型稀土持水特性的微观作用机理 …… 90
5.3.3　溶浸对土体持水特征的影响 …… 95

5.3.4　溶浸对离子型稀土持水特性作用机理 …… 97
本章小结 …… 99

6　离子型稀土分形特性及土-水特征曲线预测 …… 100

6.1　理论模型 …… 101
6.1.1　多孔介质分形理论框架 …… 101
6.1.2　粒径分布 PSD 模型 …… 102
6.1.3　Van Genuchten 土-水特征曲线模型 …… 103
6.1.4　基于 PSF 的土-水特征曲线模型 …… 104
6.2　试验材料与方法 …… 106
6.2.1　粒度分析试验装置 …… 106
6.2.2　试验材料 …… 106
6.3　结果分析 …… 107
6.3.1　PSD 分形特性 …… 107
6.3.2　土水特性 …… 109
6.3.3　SWCC 分形预测 …… 111
本章小结 …… 113

参考文献 …… 114

1 绪　　论

1.1 概述

稀土是世界关注的矿产资源，因其独特的物理化学性质，在航空航天、电子信息、石油化工、军事装备、新能源及新材料等领域应用广泛，是国防科工及现代工业中不可或缺的重要元素，被誉为“工业黄金”和“新材料之母”[1,2]。根据原子电子层结构、物理化学性质，以及在矿物中共生情况，稀土元素（Rare Earth Elements，简写为 REE 或 RE）通常分为轻稀土组和重稀土组，轻稀土组包括镧（La）、铈（Ce）、镨（Pr）、钕（Nd）、钷（Pm）、钐（Sm）、铕（Eu）、钆（Gd）；重稀土组包括铽（Tb）、镝（Dy）、钬（Ho）、铒（Er）、铥（Tm）、镱（Yb）、镥（Lu）、钪（Sc）和钇（Y）[3]。稀土元素在地壳中主要有两种赋存状态：一是存在于矿物晶格中的矿物相，二是吸附于风化壳黏土矿物表面的离子相，如图 1-1 所示。

a

b

图 1-1　稀土元素在地壳中主要赋存状态

a—矿物相稀土；b—离子型稀土

我国是稀土资源丰富的国家，稀土储量和产量均居世界首位。重稀土由于储量少、需求大，在工业生产中综合价值高、高科技含量多，是名副其实的稀土中的稀缺品，目前全球 70% 以上重稀土都源自中国南方离子型稀土矿[4]。离子型稀土（又称为风化壳淋积型稀土）富含铽和镝等重稀土元素，是我国特有、独具特色的重要战略资源，主要分布在江西、福建、广东、湖南、广西、云南、浙江等南方七省，具有配分齐全、重稀土元素含量高、放射性比度低、综合利用价值大、提取工艺简单等特点[5~7]。在该类矿床中，稀土元素的赋存状态主要有水溶相稀土（分布比例低于0.01%）、胶态沉积相稀土（分布比例约为3%～10%）、矿物相稀土（分布比例约为3%～15%）和离子相稀土（分布比例约占60%～90%），其中离子相稀土是目前唯一有回收价值的稀土元素，稀土以水合阳离子或羟基水合阳离子形式吸附在黏土矿物上[8,9]，如高岭土、白云母等，离子型稀土矿大多像土。

自1969年江西省地质局908地调大队在江西龙南发现离子型稀土矿开始，国内许多科研院所对其进行了地质勘探、储量调查、成因分析、提取方法等方面科技攻关[10,11]，结果表明，该类稀土矿中含有的矿物相稀土含量很少，且采用重选法、浮选法、磁选法、电选法等常规的选矿方法无法进行有效富集。经过我国科技工作者多年的攻关与研究，确定了采用盐类浸矿剂溶浸开采离子型稀土的方法。在采矿工艺上，离子型稀土矿先后经历了池浸、堆浸和原地浸矿，目前大力推行原地浸矿工艺[12]。池浸和堆浸，都需要采剥表土和开挖山体，即通过机械开挖将矿体转移到浸矿池，再进行溶淋方式浸矿，属于典型的“搬山运动”，对植被破坏严重，如图1-2所示。由于机械开挖成本高，通常先对品位高、采剥方便的矿体进行开采，“采富弃贫”及“采易弃难”造成一些贫矿难采矿体未合理开发，进而形成资源浪费[13]。当植被严重破坏后，造成大量水土流失，且池浸和堆浸过后产生大量尾矿，对生态环境破坏大，目前已经被许多地区限制使用。

a

b

图1-2　池浸和堆浸对生态环境破坏

a—水土流失；b—植被破坏

原地浸矿工艺被认为是离子型稀土现有最环保的一种开采模式，它不需剥离表土和开挖矿体，在矿区内按照一定井网参数布设注液井，将硫酸铵浸矿剂溶液经井（孔）注入矿体，通过发生化学置换反应，使浸矿液中铵根离子将黏土矿物表面的稀土离子解吸下来，形成的稀土浸出液在矿体中渗透流动，在山脚处的积液沟或收液巷道汇集（收集），再经水冶车间的除杂，最后用碳酸氢铵沉淀，实现稀土资源回收的目的[14~16]，图 1-3 为离子型稀土原地浸矿工艺主要流程。该工艺减少了池浸和堆浸工艺产生的植被破坏、尾矿堆放、水土流失、机械开挖成本等问题。在做好地质工作的基础上，并能够合理解决注液和收液问题时，原地浸矿无疑是一种开采离子型稀土的环境保护型方法。

图 1-3 离子型稀土原地浸矿工艺主要流程

a—打注液孔；b—布设注液井网；c—注液；d—收液；e—除杂及沉淀；f—回收稀土精矿；

离子型稀土矿床的主要矿物有高岭土、白云母、石英和钾长石等，原矿的化学成分以 SiO_2 为主，约占 70%；其次是 Al_2O_3，约占 15%；再次是 K_2O，Fe_2O_3、CaO、MgO 以及少量其他元素，其中高岭土、白云母等黏土矿物是天然的离子交换剂[17]。因此，离子型稀土矿的浸取工艺都是通过离子交换作用把稀土离子浸取出来，浸取机理示意图如图 1-4 所示。原地浸矿过程的化学方程式可以表示为[18]：

$$[Al_2Si_2O_5(OH)_4]_m \cdot nRE^{3+}_{(s)} + 3nNH^+_{4(aq)} \rightleftharpoons$$

$$[Al_2Si_2O_5(OH)_4]_m \cdot [NH_4^+]_{3n(s)} + nRE^{3+}_{(aq)}$$

$$[Al(OH)_6Si_2O_5(OH)_3]_m \cdot nRE^{3+}_{(s)} + 3nNH^+_{4(aq)} \rightleftharpoons$$

$$[Al(OH)_6Si_2O_5(OH)_3]_m \cdot [NH_4^+]_{3n(s)} + nRE^{3+}_{(aq)}$$

$$[KAl_2(AlSi_3O_{10})(OH)_2]_m \cdot nRE^{3+}_{(s)} + 3nNH^+_{4(aq)} \rightleftharpoons$$

$$[KAl_2(AlSi_3O_{10})(OH)_2]_m \cdot [NH_4^+]_{3n(s)} + nRE^{3+}_{(aq)}$$

也可以表示为：

$$[Al_4(Si_4O_{10})(OH)_8]_m \cdot nRE^{3+}_{(s)} + 3nNH^+_{4(aq)} \rightleftharpoons [Al_4(Si_4O_{10})(OH)_8]_m \cdot [NH_4^+]_{3n(s)} + nRE^{3+}_{(aq)}$$

式中，s 表示固相；aq 表示液相。

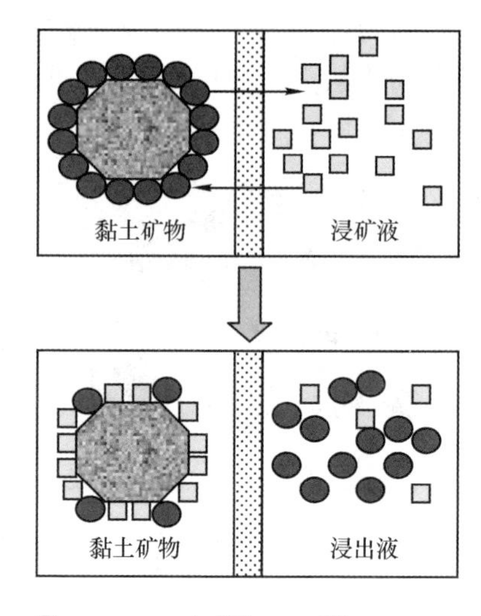

图 1-4　浸矿时离子交换示意图

通过原地浸矿工艺高效开采离子型稀土需满足三个基本条件：

一是浸矿液应浸润到所有拟开采的矿体区域，简称“浸得到”；

二是溶浸液中铵根离子应能够与稀土离子充分发生化学交换反应，简称“交得来”；

三是浸出液应能够从矿体底部流出，汇集到收液沟或收液巷道，简称“流得出”。

针对第一个条件“浸得到”进行分析可知，溶浸液通过注液井向矿体入渗是一个动态过程，主要包括非饱和入渗阶段与饱和入渗两个阶段。溶浸液由井孔流入土体时，首先浸润井孔周围的非饱和区域，将非饱和区逐渐变成饱和区，饱和区的范围逐渐从孔周向井孔附近扩展，入渗基本稳定时，注液井附近一定范围的土体饱和，其他浸润区为饱和程度不同的近饱和区。在注液时涉及的科学问题主要包括稀土非饱和渗流规律和入渗模型等。

离子型稀土原地浸矿与一般非饱和土渗流有明显不同[19~21]：

一是注液浸矿时，注液井有一定积水高度，即存在水头压力，有别于农田灌溉时的点源入渗，更有别于大气降雨时地表水分入渗。

二是浸矿过程中溶浸液与稀土离子发生了化学交换反应，土体吸附的离子发生了变化，水膜结构从而发生了改变，有别于其他渗流主要是物理过程。

三是离子型稀土分布广泛，由于风化程度各异，不同稀土矿区的土颗粒大小及粒径差异性大，对土体的入渗特性和基质吸力影响很大。

江西是离子型稀土的发现地、命名地和主产地。经过近50年的努力，尽管已建成以原地浸矿为代表的离子型稀土提取工艺，但与其他矿种溶浸技术研究相比[22~24]，相关理论研究远远落后于工程实际应用，工艺的解释及优化缺乏理论基础。在离子型稀土开发过程中，多凭经验确定注液井网距离以及注液速度，造成资源浸取率随机性大，“稀土浸到哪儿了”“浸出液流去哪儿了”等问题一直未得到很好的解决。究其原因，主要是对离子型稀土原地浸矿时的非饱和流动规律及机理研究不够，未建立有效的入渗理论模型和监测机制，与此同时，对于离子型稀土浸矿过程的土水特性及影响因素研究还不充分。

为了描述离子型稀土浸矿过程中浸矿液的流动现象，必须认识渗透系数特征曲线和土-水特征曲线两个本构关系。基于此，本书着重介绍了赣南离子型稀土渗透特性与土水作用机理，通过试验和理论分析注液水头、粒径及颗粒级配、溶浸作用等因素对入渗规律和土水特性的影响，研究结果有助于预测和适时调控原地浸矿过程，进而提高稀土资源浸取率，为工程注液井网设计及确定注液强度提供一定理论依据。研究成果有助于完善原地溶浸采矿相关理论，进一步实现离子型稀土的绿色高效开采，更好地开发和利用我国重要战略资源——稀土。

1.2 国内外研究现状

1.2.1 离子型稀土渗流规律的研究现状

1.2.1.1 饱和渗流的 Darcy 定律

在原地浸矿工艺中，溶浸液通过单个注液井向稀土矿体渗透的过程是一个动态过程，先后经历非饱和入渗、饱和非稳定入渗和稳定入渗三个过程，离子型稀土高效开采需满足溶浸液渗透到开采区域的所有稀土层的条件。为了应用连续介质方法揭示多孔介质中流体运动的规律，通常是将渗流作为真实流体的宏观代表，如图1-5所示。浸矿过程中的渗流规律研究一直是科研工作者关注的焦点之一。

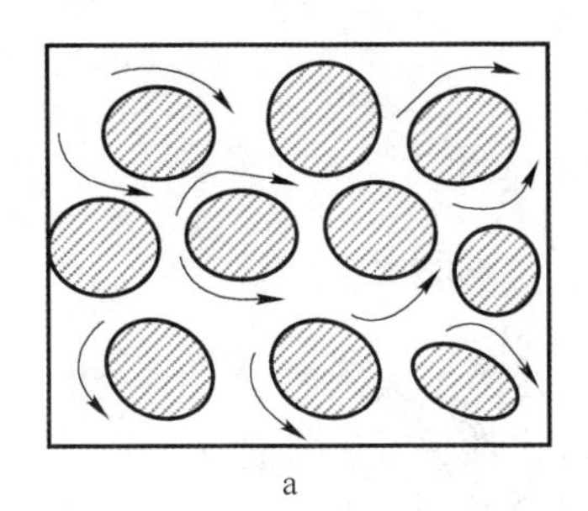
a

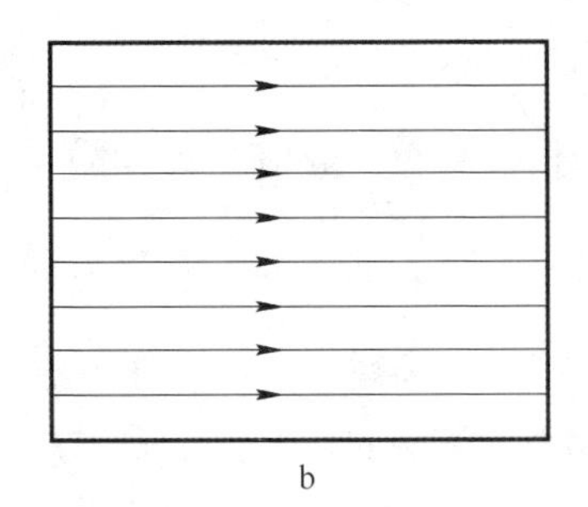
b

图1-5 多孔介质中的渗透

a—实际渗透；b—假想渗流

渗流是一种假想的流体，研究流体运动规律主要是渗流问题。Darcy 定律（1856 年）是渗流的基本定律，是土体渗流理论的基础，其数学表达式如下：

$$v = -k\frac{\Delta H}{\Delta L}, \quad Q = -kA\frac{\Delta H}{\Delta L} \tag{1-1}$$

式中，v 为渗流速度，量纲为 L/T；k 为渗透系数，量纲为 L/T；ΔH 为水流通过土柱之后和之前的水头差，量纲为 L；ΔL 为沿水流方向的土柱长度，量纲为 L；Q 为渗流量，量纲为 L^3/T；A 为垂直于水流方向的土柱截面积，也称过水断面面积，量纲为 L^2。

由一维土柱试验得到用水力梯度 J 表示的 Darcy 定律为：

$$v = kJ = -k\frac{\mathrm{d}H}{\mathrm{d}L} \tag{1-2}$$

$$Q = kAJ = -kA\frac{\mathrm{d}H}{\mathrm{d}L} \tag{1-3}$$

1.2.1.2 渗流速度与时间关系

许多学者根据水力学和地下水动力学的基本原理，进行了相关渗流规律研究，构建了实验室内的渗流速度方程。汤洵忠等[25,26] 在采矿室内模拟试验过程中，得出溶液的垂直下渗速度为：

$$v = \frac{H - h}{T_1 - T_0} \tag{1-4}$$

式中，v 为溶液垂直下渗速度，量纲为 L/T；H 为试验圆柱体高度，量纲为 L；h 为注液孔深度，量纲为 L；T_1 为母液渗出时间，T_0 为开始注液时间，量纲为 T。溶液的侧渗（水平）速度随着侧渗范围的扩大而减小，溶液的侧渗速度影响到原地浸矿注液井网的间距。

金解放等[27] 研究发现，随着入渗时间增加，累计入渗深度和渗流速度分别呈“快速增加-缓慢发展”和“快速减小-缓慢发展”的规律，渗流速度与湿润锋倒数之间具有良好的线性相关性，渗流速度与入渗时间之间满足幂函数关系为：

$$v = \lambda \cdot t^{-0.5} \tag{1-5}$$

式中，λ 为拟合参数，数值在 0.545 ~ 0.980 之间，随着粒径增大，λ 逐渐增大。

1.2.1.3 离子型稀土渗流影响因素

Tian 等[27] 认为离子型稀土孔隙率和渗透率是决定离子型稀土溶浸效果的两个基本水动力学参数，溶浸的流量与压差呈线性关系，符合达西渗流定律，流动状态为层流。研究结果表明，矿体类型、浸矿剂种类及浓度、颗粒粒径对渗透性具有重要影响，重稀土的渗透系数大于中重稀土的渗透系数，NH_4NO_3 渗透速度最大，NH_4Cl 渗透速度次之，$(NH_4)_2SO_4$ 渗透速度最小，颗粒粒径越大，渗透系数越大，且渗透系数呈现不同数量级的显著差别。罗嗣海等[28] 采用室内柱浸试验研究了离子吸附、离子交换和微颗粒迁移等方面对渗透系数的影响，研究发现，离子交换反应使得矿体渗透性变小，微颗粒迁移反而增加了矿体的渗透性。原状土样的颗粒级配良好，两种相反的作用同时存在，水力梯度小于某一临界值时，主要是离子吸附和离子交换作用使得渗透系数减小，当水力梯度大于某一临界值时，微颗粒迁移对渗透系数的影响增大。吴爱祥等[29] 开展了矿物颗粒表面特性及结构特征对渗流规律的影响研究，结果显示结合水对溶浸液具有黏滞和吸收作用，离子型稀土矿物颗粒具有 B 型结构特征，当水压力过大，水力梯度达到某临界值时，移动颗粒会阻塞孔隙，从而降低矿体的渗透性能。孔维长等[30] 针对福建龙岩高泥质离子型稀土矿，通过室内试验研究了浸矿剂浓度、注液强度、配矿比与注液方式对浸矿效果的影响，提出了采用粗粒级砂石进行配矿可以大幅度提高渗透系数，对于渗透性极差的矿土，还可适宜地采用滴淋方式进行注液，从而提高离子型稀土浸出率。

1.2.1.4 离子型稀土毛细渗流规律

汤洵忠等[31] 通过室内试验和现场试验发现，离子型稀土在浸矿过程中产生显著的向上毛细渗流，野外观察到注液 30 天左右的毛细上升高度约 1 米左右，毛细现象使得浸矿剂和稀土离子最终富集在毛细上升的上部边界，如不进行淋洗，将无法收集资源，造成浸矿剂和稀土资源的双重损失，在工程实践中采取人工降雨或加大顶水高度的方法，可以有效减少浸矿过程中的毛细损失。金解放等[32] 用毛细渗透系数替代 Terzaghi 模型中的饱和渗透系数，修正后模型的计算值与实测数据更加吻合，土颗粒粒径越大，毛细渗透系数减小，最大毛细上升高度随土颗粒粒径的增加而增大。胡世丽等[33] 基于毛细理论构建了溶浸液在矿体中穿透曲线的计算模型，提出矿体有效孔径的量测方法，并且运用该方法在原矿重塑矿样和筛分重塑矿样进行验证，从而为计算矿体的渗透系数提供了理论基础。

1.2.1.5 原地浸矿的注液孔周渗流规律

王观石等[34] 针对非饱和矿体溶浸过程不满足达西定理的实际情况，把潜水非完整孔划分成两个部分，揭示了非达西渗流条件下的单孔注液强度变化规律，通过室内试验确定渗透系数，与实测数据误差小于 15%，可以应用于工程实践。桂勇等[35,36] 假设单孔注液稳定入渗过程为饱和度为 80% 等值面上基质吸力为驱动力的入渗问题，建立了单孔注液稳定入渗流量计算方程，基于注液孔周入渗强度等于下渗强度的条件，构建了稳定渗流状态下单孔注液影响半径的计算模型，通过现场实测数据与理论计算进行比较，验证了模型具有较高的精度。龙平等[37] 在考虑注液高度产生的压力水头作用下，研究了有水头条件下的一维垂直入渗规律，构建了注液孔周围垂向含水率分布的计算模型，且理论值与龙南足洞矿区现场测得的试验值吻合度较高，误差在10%以下，满足工程应用要求。

1.2.2 非饱和土入渗模型的研究现状

1.2.2.1 土中水分运动基本方程

入渗过程是土中水分循环的重要组成部分，许多工程问题均与入渗有关，例如农田灌溉、降雨地表径流、污染物在土体中的迁移、边坡稳定等[38~42]。土体入渗问题的研究方法主要以试验研究为主，在基本理论框架内假设简化条件，并归纳试验数据呈现的规律，从而建立新的入渗模型或修正经典入渗模型。Richards 将 Darcy 定律引入到研究非饱和土中水分运动问题，得出非饱和土的水分运动基本方程[43~45]。在土中水分流动的空间内任取一点，并以该点为中心取无限小的一个微分单元体，如图 1-6 所示。

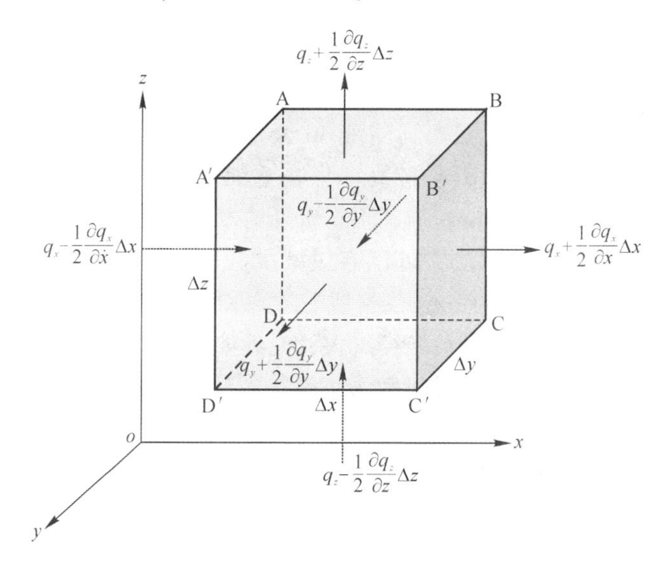

图 1-6　直角坐标系中的单元体

根据质量守恒原理，在 Δt 时间内，单元体内水分质量的变化量，等于单元体中流入与流出的水分质量之差，可以推导出非饱和土中水分运动的连续方程如下：

$$\frac{\partial(\rho_w\theta)}{\partial t}=-\left[\frac{\partial(\rho_w q_x)}{\partial x}+\frac{\partial(\rho_w q_y)}{\partial y}+\frac{\partial(\rho_w q_z)}{\partial z}\right] \tag{1-6}$$

假定土体的固相骨架不变形，土中水不可压缩，水的密度 ρ_w 为常数，此时非饱和土中水分运动基本方程可以表示为：

$$\frac{\partial(\theta)}{\partial t}=-\left[\frac{\partial(q_x)}{\partial x}+\frac{\partial(q_y)}{\partial y}+\frac{\partial(q_z)}{\partial z}\right] \tag{1-7}$$

非饱和流动的达西定律表示为：

$$q=-k(\theta)\cdot\nabla\psi \tag{1-8}$$

将式（1-8）代入式（1-7），得到：

$$\frac{\partial(\theta)}{\partial t}=\frac{\partial}{\partial x}\left[k_x(\theta)\frac{\partial\psi}{\partial x}\right]+\frac{\partial}{\partial y}\left[k_y(\theta)\frac{\partial\psi}{\partial y}\right]+\frac{\partial}{\partial z}\left[k_z(\theta)\frac{\partial\psi}{\partial z}\right] \tag{1-9}$$

假设土体为各向同性时，则 $k_x(\theta)=k_y(\theta)=k_z(\theta)=k(\theta)$，则式（1-9）可简化为：

$$\frac{\partial(\theta)}{\partial t}=\frac{\partial}{\partial x}\left[k(\theta)\frac{\partial\psi}{\partial x}\right]+\frac{\partial}{\partial y}\left[k(\theta)\frac{\partial\psi}{\partial y}\right]+\frac{\partial}{\partial z}\left[k(\theta)\frac{\partial\psi}{\partial z}\right] \tag{1-10}$$

在非饱和土体渗流，土水势主要包括基质势和重力势两部分，即：

$$\psi=\psi_{\mathrm{m}}\pm h \tag{1-11}$$

式中，ψ_{m} 为基质势；h 为计算断面距基准面的距离，则式（1-11）可以写成：

$$\frac{\partial(\theta)}{\partial t}=\frac{\partial}{\partial x}\left[k(\theta)\frac{\partial\psi_{\mathrm{m}}}{\partial x}\right]+\frac{\partial}{\partial y}\left[k(\theta)\frac{\partial\psi_{\mathrm{m}}}{\partial y}\right]+\frac{\partial}{\partial z}\left[k(\theta)\frac{\partial\psi_{\mathrm{m}}}{\partial z}\right]\pm\frac{\partial k(\theta)}{\partial h} \tag{1-12}$$

1.2.2.2 Green-Ampt 入渗模型

Green-Ampt 模型[46]（1911 年）是初始干燥土体有浅层积水时入渗的数学模型，基于达西定律和水量平衡原理推导。基本假定是，入渗时存在明确的湿润锋面，湿润区域和未湿润区域存在明显的界限，入渗土体内的含水率分布呈现阶梯状，湿润区的含水率为饱和含水率 θ_s，干燥区（未湿润区）的含水率为初始含水率 θ_i，如图 1-7 所示。

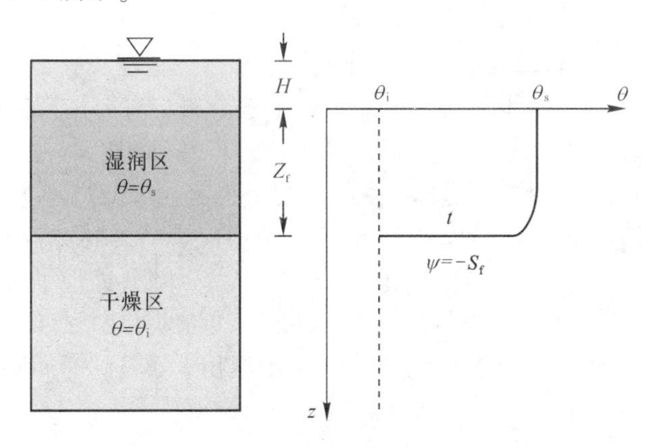

图 1-7 Green-Ampt 入渗模型示意图

设地表积水具有恒定水头 H，湿润锋位置为 z_f，湿润锋距离随着时间前移，湿润锋处的土体基质吸力为 s_f，Green-Ampt 模型主要建立入渗量 I，入渗率 i 及湿润锋位置 z_f 与时间 t 的关系。

以地表处为 z 坐标原点，方向取向下为正，地表处的土水势为 H，湿润锋处的土水势为 $-(s_f+z_f)$，则水力梯度为 $[-(s_f+z_f)-H]/z_f$，根据 Darcy 定律，可得水分由地表进入土体的通量，即地表入渗率为：

$$i = k_s \frac{z_f + s_f + H}{z_f} \tag{1-13}$$

式（1-13）为入渗率 $i(t)$ 与湿润锋 $z_f(t)$ 的关系，k_s 为饱和渗透系数。根据质量守恒原理，累计入渗量等于湿润锋距离与含水率增量的乘积，即：

$$I = (\theta_s - \theta_i) z_f \tag{1-14}$$

由入渗率和累计入渗量的关系，可得：

$$i = \frac{dI}{dt} = (\theta_s - \theta_i) \frac{dz_f}{dt} \tag{1-15}$$

联立式（1-13）和式（1-15），可得：

$$\frac{dz_f}{dt} = \frac{k_s}{\theta_s - \theta_i} \frac{z_f + s_f + H}{z_f} \tag{1-16}$$

已知初始条件 $t=0$ 时，$z_f=0$，对上式积分，则有：

$$t = \frac{\theta_s - \theta_i}{k_s} \left[z_f - (s_f + H) \ln \frac{z_f + s_f + H}{s_f + H} \right] \tag{1-17}$$

上述公式中式（1-13）、式（1-14）和式（1-17）是 Green-Ampt 入渗模型的本构关系，若通过试验测得饱和含水率 θ_s、初始含水率 θ_i、饱和渗透系数 k_s、土体基质吸力 s_f 和压力水头 H，便可以得到 z_f-t、I-t 和 i-t 的关系。

由式（1-13）可以看出，入渗率由三部分组成，即重力势作用部分、基质势作用部分和压力势作用部分。在模型假设中，从入渗点到湿润锋之间的湿润体是完全饱和的，从湿润锋到未入渗部分为非饱和，并将基质吸力通过概化湿润锋前的平均吸力来表示，可以看出，Green-Ampt 入渗模型的计算结果介于饱和-非饱和 Darcy 定律之间。该模型公式形式简单，物理基础明确，被广泛应用于研究土水入渗过程、产流过程以及土壤侵蚀过程等，经过众多学者的改进，Green-Ampt 模型可以应用到土体含水率分布不均匀情况[47~53]，在离子型稀土入渗方面，郭钟群等[54] 在分层假定基础上对 Green-Ampt 模型进行了改进，用于模拟离子型稀土一维垂直入渗。尹升华等[55] 开展了变水头渗流试验研究，建立了入渗率与水头高度和湿润锋深度的关系，揭示了累积入渗量随时间的变化规律。

1.2.2.3　Philip 入渗模型

Philip[56]（1957 年）针对一维垂直入渗的基本方程，首先用解析法进行 Boltzmann 变换，将偏微分方程转换为常微分方程，再提出了一种迭代计算求解常微分方程，得到累计入渗量 $I(t)$ 和入渗率 $i(t)$ 的表达式为：

$$I = St^{\frac{1}{2}} + At \tag{1-18}$$

$$i(t) = \frac{1}{2}St^{-\frac{1}{2}} + A \tag{1-19}$$

式中，S 为吸渗率，量纲为 $L/T^{0.5}$；A 为稳定入渗率，量纲为 L/T；在入渗初期，吸渗率 S 起主导作用，随着入渗时间的推移，稳渗率 A 逐渐成为主导因素。该模型具有明确的物理意义，参数 S 和 A 通常由现场入渗试验求得，适用于均质土体在短时间内的一维垂直入渗参数计算。

1.2.2.4 Smith 入渗模型

Smith[57]（1972 年）根据土中水分运动的基本方程，通过查阅大量试验资料，对不同种类、不同质地的各类土进行了大量的降雨入渗数值模拟，构建了一种适用于大气降雨的水分入渗模型，表达式为：

$$\begin{cases} i = R & t \leqslant t_p \\ i = i_\infty + A(t - t_0)^{-\alpha} & t > t_p \end{cases} \tag{1-20}$$

式中，R 为降雨强度，量纲为 L/T；i_∞ 为稳定入渗率，量纲为 L/T；t_p 为地表产生积水的时间，量纲为 T；A、t_0、α 为经验参数。

1.2.2.5 Smith-Parlange 入渗模型

Smith 和 Parlange[58]（1978 年）在前期研究降雨入渗模型的基础上，进一步推导任意降雨强度下的入渗模型。土体从非饱和到饱和过程中，当渗透系数 $k(\theta)$ 变化十分缓慢，积水时间 t_p 由下式确定：

$$\int_0^{t_p} R(t)\,\mathrm{d}t = \frac{S^2}{2} \cdot \frac{1}{R_p - k_s} \tag{1-21}$$

式中，$R(t)$ 为降雨强度，量纲为 L/T；R_p 为 $t = t_p$ 时刻的降雨强度，量纲为 L/T；S 为吸渗率，其表达式为：

$$S^2 = 2(\theta_s - \theta_i)\int_{\theta_i}^{\theta_s} D(\theta)\,\mathrm{d}\theta \tag{1-22}$$

当发生积水之后，即 $t > t_p$ 时，入渗率 $i(t)$ 可以由下式得出：

$$k_s(t - t_p) = I_p\left[\frac{R_p - i}{i - k_s} - \frac{R_p - k_s}{k_s}\ln\frac{(R_p - k_s)i}{(i - k_s)R_p}\right] \tag{1-23}$$

$$I_p = \int_0^{t_p} R(t)\,\mathrm{d}(t) \tag{1-24}$$

土体从非饱和到饱和过程中，当渗透系数 $k(\theta)$ 变化非常急剧时，积水时间 t_p 由下式确定：

$$\int_0^{t_p} R(t)\,dt = \frac{A}{k_s}\ln\frac{R_p}{R_p - k_s} \tag{1-25}$$

式中，A 为稳定入渗率，量纲为 L/T；其数值为 $A=S^2/2$。

当发生积水之后，即 $t>t_p$ 时，入渗率 $i(t)$ 可以由下式得出：

$$k_s(t - t_p) = I_p\left(\ln\frac{R_p}{R_p - k_s}\right)^{-1}\left[\ln\frac{(R_p - k_s)i}{(i - k_s)R_p} - \frac{k_s}{i} + \frac{k_s}{R_p}\right] \tag{1-26}$$

由此可知，根据 Smith-Parlange 入渗模型，只要知道土体的吸渗率 S 和饱和渗透系数 k_s 两个参数，就能对入渗过程进行计算分析。

1.2.2.6　经验入渗模型

经过大量工程实践，研究者们提出了不少经验入渗模型，公式简单、应用广泛的主要有 Kostiakov 入渗公式、Horton 入渗公式、Hortan 入渗公式三个经验模型。

Kostiakov[59]（1932 年）入渗公式：

$$i = B \cdot t^{-\alpha} \tag{1-27}$$

式中，B 和 α 为取决于入渗初始条件的经验系数，通常由试验或实测资料拟合得到，本身不具有物理意义。

Horton[60]（1940 年）入渗公式：

$$i = i_c + (i_0 - i_c)e^{-\beta t} \tag{1-28}$$

式中，i_c、i_0 和 β 为经验系数，在初始时刻 $t=0$ 时，$i=i_0$，故 i_0 可以称为初始入渗率；当 $t\to\infty$ 时，$i=i_c$，故 i_c 可以称为稳定入渗率；β 影响着入渗率从 i_0 减小到 i_c 的速度。这个方程也可以积分为一个 t 的显函数，但是，有 3 个经验参数需要通过实测或历史数据拟合得到，在实际应用中仍然是不便的。

Hortan[61]（1961 年）入渗公式：

$$i = i_c + A(W - I)^n \tag{1-29}$$

式中，i_c、A 和 n 是与土体及自然条件有关的经验系数，有些地区已为当地土体类型提供了 Hortan 模型的经验参数表。I 为累计入渗量，W 是表层厚度 d 的土层在入渗开始时的允许储水量，即：

$$W = (\theta_s - \theta_i)d \tag{1-30}$$

式（1-30）只适用于 $I\leqslant W$，当 $I>W$ 时，$i=i_c$，对于如何计算土层的厚度也是一个问题，往往选取第一个不透水层以上的土层来计算厚度，然后，计算土层的储水能力又和上部的蒸腾作用和底部的下渗有关，故 Hortan 模型难以准确描述点源入渗，可以适用于估算流域的降水入渗。

以上入渗模型，有半理论半经验的数学模型和纯经验性的计算公式，在一定程度上，都反映了土体的入渗特性及其影响因素。在工程实践中，可以根据实际条件，选取一种公式计算及改进，或选取几种公式比较[62~65]，以上理论为研究离子型稀土溶浸过程中入渗模型及影响因素提供重要参考。

1.2.3 非饱和土土-水特征曲线的研究现状

1.2.3.1 土-水特征曲线模型

土中水分运动的决定因素主要是势能，土水势由重力势、压力势、基质势、溶质势和温度势构成[66~68]。基质势是影响非饱和土各项物理力学性能的重要因素，是研究非饱和土的热点和难点，一般通过基质吸力与土体含水率关系表征，即土-水特征曲线（Soil-water Characteristic Curve，SWCC）进行表征与研究[69]，各类典型土的 SWCC 如图 1-8 所示[70]。

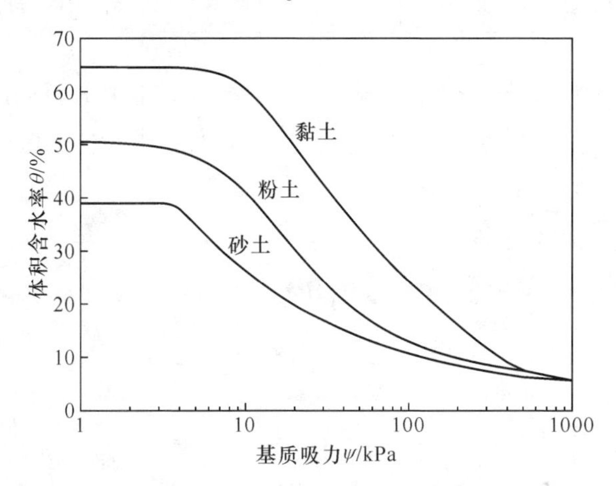

图 1-8　黏土、粉土及砂土的典型土-水特征曲线

从理论角度分析获得准确的 SWCC 存在较大困难，目前 SWCC 的获得主要还是通过试验手段[71]。通常试验只能获得一系列表示吸力和体积含水率关系的试验点，且 SWCC 的测量往往耗时较长[72,73]，研究者们总结提出了多个 SWCC 经验模型，广泛应用的经典模型有 Gardner 模型（1958 年）[74]、Brooks & Corey 模型（1964 年）[75]、Van Genuchten 模型（1980 年）[76]、Fredlund & Xing 3 参数模型（1994 年）和 4 参数模型（1996 年）[77,78]，以及 Farrle & Larson 模型（1972 年）[79]、Roger & Hornberger 模型（1978 年）[80]、Williams 模型（1983 年）[81]、McKee & Bumb 模型（1984 年）[82] 等，经典模型及参数如表 1-1 所示。

表 1-1　土-水特征曲线的经典模型

模型名称	年份	表达式	模型参数及其意义
Gardner 模型	1958 年	$\theta = \theta_s + \dfrac{\theta_s - \theta_r}{(1 + a\psi)^b}$	θ 为体积含水率，θ_s 为饱和含水率，θ_r 为残余含水率，ψ 为基质吸力，a 和 b 为拟合参数

续表 1-1

模型名称	年份	表达式	模型参数及其意义
Brooks & Corey 模型	1964 年	$\theta = \begin{cases} \theta_s, & \psi < \psi_b \\ \theta_r + (\theta_s - \theta_r)\left(\frac{\psi_b}{\psi}\right)^{\lambda}, & \psi < \psi_b \end{cases}$	θ，θ_s，θ_r，ψ 含义同上，ψ_b 为空气进气值，λ 为孔径分布指数
Farrle & Larson 模型	1972 年	$\theta = \theta_s - \frac{b(\ln\psi - \ln a)}{\theta_s - \theta_r}$	θ 为体积含水率，θ_s 为饱和含水率，θ_r 为残余含水率，ψ 为基质吸力，a 和 b 为拟合参数
Roger & Hornberger 模型	1978 年	$\psi = a\left(\frac{\theta_s - \theta}{\theta_s - \theta_r}\right)\left(\frac{\theta - \theta_s}{\theta_s - \theta_r} - b\right)$	θ 为体积含水率，θ_s 为饱和含水率，θ_r 为残余含水率，ψ 为基质吸力，a 和 b 为拟合参数
Van Genuchten 模型	1980 年	$\frac{\theta - \theta_r}{\theta_s - \theta_r} = \frac{1}{[1 + (a\psi)^n]^m}$	θ，θ_s，θ_r，ψ 含义同上，a 为与空气进气值有关参数，n 和 m 为独立的优化参数。通常认为 $m=1-1/n$
Williams 模型	1983 年	$\ln\psi = a + b\ln\theta$	θ，ψ 含义同上，a 和 b 为拟合参数
McKee & Bumb 模型	1984 年	$\theta = \theta_r + (\theta_s - \theta_r)\exp\left(\frac{a - \psi}{b}\right)$	θ 为体积含水率，θ_s 为饱和含水率，θ_r 为残余含水率，ψ 为基质吸力，a 和 b 为拟合参数
Fredlund & Xing 3 参数模型	1994 年	$\frac{\theta}{\theta_s} = \frac{1}{\left\{\ln\left[e + \left(\frac{\psi}{a}\right)^n\right]\right\}^m}$	θ，θ_s，θ_r，ψ 含义同上，a 为与空气进气值有关参数，n 和 m 为独立的优化参数
Fredlund & Xing 4 参数模型	1996 年	$\frac{\theta - \theta_r}{\theta_s - \theta_r} = \frac{1}{\left\{\ln\left[e + \left(\frac{\psi}{a}\right)^n\right]\right\}^m}$	θ，θ_s，θ_r，ψ 含义同上，a 为与空气进气值有关参数，n 和 m 为独立的优化参数

这些模型能有效的拟合出完整的土-水特征曲线，可以应用于非饱和土的物理力学性能计算。对应的土-水特征曲线按照形状分为两类：一类是对应半对数坐标轴下的 S 形的土-水特征曲线，如 Gardner 模型、Van Genuchten 模型、McKee & Bumb 模型和 Fredlund & Xing 模型；还有一类是对应普通坐标轴下的非 S 形的土-水特征曲线，如 Brooks & Corey 模型、Farrle & Larson 模型、Williams 模型等。在实际应用中，构建具有明确物理意义且精度高的土水特征曲线数学模型显得尤为重要。在已有的理论模型中，Brooks & Corey 模型形式简单且参数物理意义明确，Van Genuchten 模型具有曲线形状相似、曲线斜率连续、拟合效果好等优点，被广泛地使用。通常情况下，Van Genuchten 模型比较适合粗质地的砂土；Van Genuchten 模型和 Gardner 模型比较适合细质地的粉质土，在低压力水头时，采用 Gardner-Russo 模型的计算结果适用性更高[83]。Fredlund 和 Xing 根据

孔径分布提出了 Fredlund & Xing 3 参数模型和 Fredlund & Xing 4 参数模型，其4参数模型结构与 Van Genuchten 模型相似，可以应用图解法来确定拟合参数，拟合结果与试验数据吻合度较高，参数求解较为方便，因而 Fredlund & Xing 模型适用性非常广泛。

1.2.3.2 土-水特征曲线测量方法

非饱和土土-水特征曲线的获得关键在于吸力的测定，由于测量范围、测试对象、复杂程度、试验条件等不同，相应的吸力测量方法有很多种[84]。这些技术可以分为室内试验和现场试验两大类，现场试验以原状土为研究对象，室内试验通常以重塑土样为研究对象，探讨土体结构及其他因素对土样的土水性能影响。常用的吸力（基质吸力或总吸力）的量测方法主要包括张力计法[85,86]、轴平移技术（压力板法）[87,88]、滤纸法[89,90]、电/热传导法[91]、热电偶干湿计法[92]、冷镜湿度计法[93]、电阻/电容传感器法[94]、等压湿度控制法[95]、双压湿度控制法[96]、非接触式滤纸法[97] 等，表 1-2 归纳总结了常见土体的吸力测量方法及吸力测量范围。

SWCC 的测定往往耗费周期长，测试成本高，并且受空间变异的影响大，测试结果易产生误差[98,99]，因此，有学者通过建立 SWCC 与其他较易测量的土体特性之间关系，如颗粒质量分布、孔隙体积分布、孔隙表面积等，寻找到间接的方法快速获得 SWCC[100~104]。Gupta 等[105] 通过大量实测数据对砂土、粉土、黏土的 SWCC 进行回归分析，建立了基于颗粒分布、有机质含量和干密度的 SWCC 模型，其适用的吸力范围为 2~1500kPa。Arya 等[106,107] 建立了颗粒级配曲线与 SWCC 之间的联系，他们将颗粒级配曲线分为 20 组，每组对应一个等效粒径，通过毛细理论构建排水孔隙半径与吸力的关系，进而获取 SWCC 模型，再通过引入一个比例因子，将假设的等效孔隙半径转为实际的孔隙半径，进一步对模型进行了改进，从而获得更加符合实际的 SWCC。Fredlund 等[108] 将颗粒级配曲线分组，假设每组的粒径为平均粒径，通过对每组粒径的增量 SWCC 叠加，获得 SWCC 的完整曲线，该方法可以良好地刻画砂土和粉土的 SWCC，但对于黏土难以准确描述。

表 1-2 常见测量土体吸力的方法及技术

测量吸力	方法/技术	可测量的吸力范围/kPa	应用场地
基质吸力	张力计法	0~100	室内和现场
	轴平移技术	0~1500	室内
	电/热传导法	100~400	室内和现场
	接触式滤纸法	全范围	室内和现场

续表 1-2

测量吸力	方法/技术	可测量的吸力范围/kPa	应用场地
总吸力	热电偶干湿计法	100～8000	室内和现场
	冷镜湿度计法	1000～450000	室内
	电阻/电容传感器法	全范围	室内
	等压湿度控制法	4000～400000	室内
	双压湿度控制法	10000～600000	室内
	非接触式滤纸法	1000～500000	室内和现场

徐永福等[109,110]从分形理论出发，根据土孔隙分布的分形特征，提出了一个土-水特征曲线的通用表达式，该方法可以有效预测近饱和状态及干燥状态下的SWCC，在脱湿和吸湿过程中具有相同的分形维数，进而分析SWCC的滞回特性。陶高梁等[111]等通过分形理论建立了质量分形维数与黏粒含量的关系，基于此，构建了黏粒含量表示SWCC的分形模型，揭示了黏粒含量对土-水特性的影响，即相同吸力作用下，土中黏粒含量越高，土体的持水能力越强。张季如等[112]认为土体的颗粒级配分布具有多重分形特性，并通过粒径分布的多重分形维数来预测SWCC，研究发现，在颗粒级配曲线中，粒径越大的范围内，分形维数越大，利用大粒径范围的分形维数计算结果与实测SWCC数据的吻合度更高。

胡冉等[113]假设土体在变形过程中的孔隙基本形态和统计特征不变，通过缩尺理论来确定孔隙分布函数，建立了考虑变形的SWCC模型，从而描述不同孔隙比土体在复杂应力状态下的脱湿和吸湿过程。栾茂田等[114]基于热力学角度，结合理想微观模型对基质吸力的影响，提出了等效基质吸力和广义土-水特征曲线。蔡国庆等[115]分析了温度场对土-水特征曲线的影响，建立了考虑温度作用的土-水特征曲线模型。这些模型可以用于计算非饱和土力学模型中的许多重要参数及描述非饱和土中水气两相比例的变化规律，因此可以参考上述试验方法和理论模型，考虑离子型稀土浸矿过程中的物相组分改变，及颗粒团聚、崩解和运移等工程背景，研究离子型稀土溶浸过程中土水特性变化规律。

1.2.3.3　土-水特征曲线影响因素

土-水特征曲线作为一项解释非饱和土现象的基本本构关系，受到诸多因素的影响，许多学者对其影响因素做了大量的研究，如矿物组分和外加剂[116～121]、颗粒级配及粒径[122～125]、初始含水率[126～129]、干密度[130～133]、密实度和孔隙结构[134～137]、应力历史和应力状态[138～141]、温度和冻融循环[142～145]、试验方法[146～148]、干湿循环[149～152]等。以上这些因素可以分为内在因素和外在因素两种，其中内在因素主要指矿物成分、土颗粒的粒径和级配、含水率、干密度、密实程度和压缩性、孔隙结构等，外在因素主要指土的应力历史、应力状态、温度、试验方法、干湿循环和冻融循环等。以下简要论述内在因素和外在因素对SWCC的影响规律。

在矿物组分和外加剂对SWCC影响方面：牛庚等[118] 针对去除铁离子前后的红黏土，探讨了游离的氧化铁对红黏土持水特性的影响。在0～1MPa低吸力范围时，游离氧化铁作用明显，去铁后的红黏土，孔隙收缩率较大，和失水量变化相对一致，土体仍处于近饱和状态，而没有去铁的土不易收缩，孔隙相对较大，孔隙中的水分更容易排出，土体的饱和度明显降低。在9～367MPa高吸力范围内，去铁前后的土样持水性能和孔隙特征相差不大，此时土中结合水起主导作用。黄伟等[119] 基于不同浓度离子固化剂改性蒙脱土的相关试验，研究得出改性后蒙脱土的持水特性下降，构建了微观持水模型，揭示了蒙脱土水化微观参数与宏观持水特性的关联。张悦等[120] 通过试验测定不同NaCl含量的泥浆基质吸力，发现NaCl对新疆交河故城遗址土基质吸力几乎没有影响，但由于渗透吸力使得高饱和度土体的总吸力显著增大。谢妍等[121] 研究发现0.0%～0.3%纤维含量对纤维改性膨胀土的土水性能无明显影响。

在颗粒级配及粒径大小对SWCC影响方面：Chiu等[122] 通过采用伽玛射线衰减法和传统的比重计法测定了土体颗粒粒径分布，将Arya-Paris模型应用于基于土体粒径分析的巴西巴伊亚州土SWCC估算，发现该模型对砂土的SWCC预测较好，其次是黏质土、壤土。RAJKAI等[123] 为了找到一个相对简单的SWCC预测因子，对瑞典土体的数据库进行分析，通过非线性拟合建立用粒径数据、累积粒径分布数据来估算SWCC的模型，平均误差小于2.5%，能够很好地描述与预测瑞典土体的持水性能。陈宇龙等[124] 采用不同粒径的单一粒径土粒进行土水特性试验，通过对脱湿和吸湿过程的SWCC和滞回特性分析发现，随着有效粒径的增大，土体的空气进气值、残余基质吸力随之减小，减湿率增加，滞回效应随着有效粒径的增大而减小。徐晓兵和陈云敏等[125] 基于改进的Arya-Paris模型，应用颗粒分布曲线的连续表达公式预测可降解土体的SWCC，预测结果诠释了降解引起城市固体废弃物持水特性衰变的规律。

在含水率对SWCC影响方面：Miller等[126] 通过试验研究了压实黏性土含水率与孔隙水压力的变化规律，得出了6种不同含水率条件下的非饱和土特性。伊盼盼等[127] 研究了不同初始击实含水率土样的土水性能，不同的击实含水率对土体孔隙结构有较大影响，随着初始击实含水率增加，空气进气值逐渐增大，初始含水率大的土体可塑性更好。梁燕等[128] 研究了初始含水率对原状非饱和黄土SWCC的影响，在水平或垂直方向，基质吸力相同时候，初始含水率越大，土体的含水量越高，随着基质吸力增大到一定程度后，不同初始含水率的土体的含水量趋于同一水平，即不同的初始含水率对SWCC的影响基本相同[129]。

在干密度对 SWCC 影响方面：Zhou 等[130] 基于饱和度和初始孔隙比之间的增量关系，提出了一种简单的方法来量化干密度对非饱和土 SWCC 的影响，增量关系可以合并到 SWCC 方程中，只需要引入一个附加的参数，就可通过常规土水特征试验进行表征。SHENG[131] 基于非饱和土的土水特征方程，提出了一种新的水-力耦合 SWCC 模型。陈宇龙等[132] 通过观测不同干密度的脱湿和吸湿曲线，发现干密度对 SWCC 有显著影响，随着干密度增大，残余基质吸力、空气进气值和进水值随之增大，减湿率随之减小，滞回效应随着干密度增大而明显减小。褚峰等[133] 应用非饱和黄土的固结试验，研究了干密度对原状非饱和黄土 SWCC 的影响，天然干密度越大，非饱和黄土的吸力越大，相同初始含水率时，初始吸力随着干密度的增大，产生的吸力增量逐渐减小[134]。

在密实度和孔隙结构对 SWCC 影响方面：Miao 等[135] 认为非饱和土的物理力学性能主要受孔隙几何结构控制，SWCC 特性与孔隙结构密切相关。詹良通等[136] 研究表明土的压缩性也会对 SWCC 形状产生影响，在基质吸力较低时，压缩性高的土脱湿速率低于压缩性低的土，因为低压缩性的土，在低吸力范围内含水率基本为饱和含水率，高压缩性的土，在吸力低时已经发生了收缩，体积含水率减小。张涛等[137] 采用压力板仪对不同压实度的豫东粉土进行了土-水特征曲线试验，SWCC 中含水率随着压实度的增大，脱湿和吸湿曲线均向左下方偏移，饱和度则随之向右上方偏移。

在应力历史和应力状态对 SWCC 影响方面：Vanapalli 等[138] 针对室内非饱和土-水特征曲线试验耗时多、成本高、吸力范围有限（0 ~ 1500kPa）等问题，提出了将土中持水特性扩展到 10^6kPa 的基本原理，建立了一种估计剩余饱和度的方法，在三种不同静态压实黏性土样上，试验研究了应力历史等因素对土体持水特性的影响。Charles 等[139]为了分析预测非饱和土边坡的孔隙水压力分布，研究了应力状态、初始干密度和初始含水率等对香港全风化火山岩土体的 SWCC 影响，对于承受不同应力状态再压缩土样，应力越高，脱湿速率越低，滞回曲线尺寸越小。然而，对于原状土试样，滞回线的大小似乎与应力状态无关。在较高的应力作用下，原状土试样表现出较低的脱湿和吸湿速率。龚壁卫等[140] 进行了各向等围压和一维轴向加载条件下的土水特征试验，分析了应力状态对膨胀土 SWCC 的影响，结果显示有围压下膨胀土的 SWCC 呈线性变化趋势，滞回效应不明显。汪东林等[141,142] 详细研究了应力历史和应力状态等对非饱和黏土的 SWCC 影响，先期固结应力越大，空气进气值越大，水分越难从土中排出，净平均应力越大，空气进气值越高，土样排出的水分越少。

在温度对 SWCC 影响方面：SALAGER 等[143]从理论和试验两方面研究了温度对土体持水特性的影响，从理论上提出吸力随温度变化的一般规律，建立了理论模型预测任意温度下的 SWCC，从而减少表征土体热工水力特性的试验次数，并通过试验和文献数据验证了理论结果的适用性。王铁行等[144] 分析了温度和密度对扰动黄土土样的 SWCC 影响，得到了考虑温度和密度影响的预测模型，相对而言，温度影响并不显著，特别是土体处于近饱和状态时，温度对吸力的影响可以忽略，但是土体处于低含水率时候，随着温差越大，吸力变化越明显。王雪冬等[145] 研究了冻融循环对露天排土场的土体 SWCC 影响，随着冻融循环的次数增加，SWCC 的曲率呈现先增大后趋于稳定的变化规律，冻融循环的次数越多，基质吸力对其的敏感程度越低。

在试验方法对 SWCC 影响方面：NAM 等[146] 采用滤纸法、蒸汽平衡法、压力板法、渗透法等 6 种不同的测试方法建立了 SWCC，对比分析了各种吸力测量技术与不同的吸力测量范围。AGUS 等[147] 评估了实验室测定土体吸力的四种方法：非接触滤纸法、湿度计法、相对湿度传感器法和冷镜湿度计法，通过比较四种全吸测量技术，讨论了影响测量精度的因素，冷镜湿度计技术提供了最准确的结果，因此可以作为评估其他三种方法准确性的基准。刘文化等[148] 通过击实试样和泥浆固结两种不同的制样方法进行 SWCC 试验，研究表明粉质黏土试样的制样方法与测试的土水特征密切相关，泥浆固结试样 SWCC 位于击实试样 SWCC 的上方。

在干湿循环对 SWCC 影响方面：赵天宇等[149]利用 SEM 观测非饱和黄土在干湿循环作用下孔隙结构变化规律,从微观角度上进行分析，当土中的胶结物逐渐被溶蚀，孔隙随之扩张直至贯通，从而使得孔隙直径增大，宏观表现为土体的持水性能下降，进而影响了黄土的 SWCC。陈留凤等[150] 基于自制控制湿度的吸力测量系统，开展了高放核废料储存介质-硬黏土 Boom clay 的土水性能研究，发现干湿循环次数对硬黏土的 SWCC 有较大影响，尤其是初次干湿循环影响最大，第二次和第三次循环差异较小，干湿循环作用后，Boom clay 土水特性变化规律呈现显著的非线性和不可逆性。张俊然等[151,152] 建立了预测多次干湿循环后土体的 SWCC 方法，通过干湿循环对土水特性的影响规律，构建一个与干湿循环次数相关的函数，可以通过测量第一次脱湿曲线和吸湿曲线以及塑性指数，来获取吸力平衡后多次干湿循环的 SWCC，但是该方法对于快速干湿循环情况具有局限性。

以上研究为本书的研究工作奠定了良好基础，目前溶浸作用对离子型稀土的持水性能影响的研究未见报道，基于离子型稀土的特殊性，在原地浸矿过程中，吸附在黏土矿物上的水合阳离子发生了变化，黏土颗粒发生了团聚、崩解和运移，可以在前述研究的基础上，从而对溶浸作用下离子型稀土的持水特性变化规律进行深入研究。

2　离子型稀土一维水平和垂直渗流规律

离子型稀土原地浸矿包含了溶液渗流、离子交换、溶质运移等多个过程，为适时预测和调控浸取过程，有效提高稀土资源回收率，首先需要了解稀土浸矿的渗流过程。溶浸液通过注液井向矿体扩散是一个动态过程，溶浸液由井孔进入矿体，在孔周的非饱和区入渗速率快，当非饱和区逐渐饱和后，渗流速度逐渐下降，然后趋于稳定范围，研究溶浸液通过注液孔网进入矿体的渗流规律对于分析整个浸矿过程具有重要意义。

在研究离子型稀土渗透特性时，首先对一维方向的渗流规律进行分析，本章以赣南离子型稀土作为研究对象，通过一维水平渗流试验和一维垂直渗流试验，计算一维水平和垂直方向入渗速率，分析清水和浸矿液在一维方向的渗流参数变化规律，揭示离子型稀土在一维方向的渗透特性[153]，研究结果有助于开展离子型稀土浸矿时间估算，为进一步探究离子型稀土二维渗透特性奠定了基础。

2.1　一维水平渗流规律

2.1.1　一维水平渗流试验装置

基于自制装置开展一维水平渗流试验，装置由主管（土柱）、马氏瓶、注水管、测压管、溢水管、渗水管等组成，如图 2-1 所示。

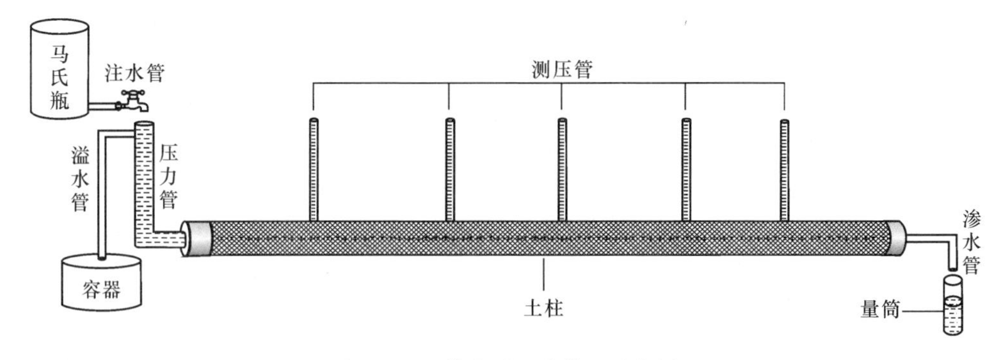

图 2-1　一维水平入渗装置示意图

主管为外径：50mm、长度：2000mm 的有机玻璃管，表面贴有精度为 1mm 的刻度尺，用于读取湿润锋长度；压力管的高度为 400mm，压力水头设置为 350mm，压力管的水平部分和主管连接处用滤布隔开，防止矿土颗粒进入压力管造成堵塞；测压管外径为20mm、高度为350mm，垂直安装在主管上，间距为300mm，端头测压管距主管两端为400mm，测压管面贴有精度为1mm的刻度尺，用于读取压力水头高度；溢水管用于保持350mm水头高度，渗水管用于测量析出的渗水量；一维水平渗流中溶液选用3%硫酸铵浸矿溶液。

2.1.2 试验材料

稀土试样取自江西省赣州市寻乌县某稀土矿山，寻乌县位于赣州市东南部，地理坐标为东经115°，北纬24°，居赣、闽、粤三省交界处。寻乌属亚热带红壤区南部，土地肥力较好，土壤普遍呈酸性。离子型稀土是寻乌县内的主要矿产资源，矿床规模大、品位高、埋藏浅，母岩以伟晶花岗岩、正长岩为主。

试样在实验室内放置若干天，完成自然风干。开展渗流试验前，将块度较大矿土进行简单地碾压，然后进行筛分试验，并测定稀土试样的颗粒级配。按最大粒径0.3mm、0.6mm、1.18mm、2.36mm把稀土试样分为4组，试样物理参数见表2-1。

表2-1 一维水平渗流试样物理参数

试样	不同粒径组所占比例/%					饱和含水率 θ_s/%	初始含水率 θ_i/%
	2.36~1.18mm	1.18~0.6mm	0.6~0.3mm	0.3~0.15mm	0.15~0.075mm		
试样1	0	0	0	53.26	46.47	33.67	6.38
试样2	0	0	51.62	25.32	23.06	35.26	6.38
试样3	0	29.43	19.64	27.23	23.70	37.63	6.38
试样4	27.65	24.24	16.37	10.21	21.53	40.67	6.38

2.1.3 一维水平渗流规律

2.1.3.1 累积入渗长度变化规律

一维水平入渗过程中，浸矿液在基质吸力和水头压力的作用下进入非饱和的稀土试样，并在土中进行水平方向的运移。3%硫酸铵溶液在4组稀土试样中的渗流试验过程中，湿润锋与时间的变化关系如图2-2所示。可以看出，不同粒径和级配的稀土湿润锋运移规律基本相同，随着入渗时间增加，湿润锋累计入渗长度随之增加，稀土土柱中饱和部分的体积越来越大。对于最大粒径不同的试样，湿润锋推进的速度略有不同，在同一时刻，土颗粒的粒径越大，累积入渗长度越大。

2.1.3.2 湿润锋运移速率变化规律

湿润锋的运移速率描述水分经过土体界面处的累积入渗状态以及变化规律，

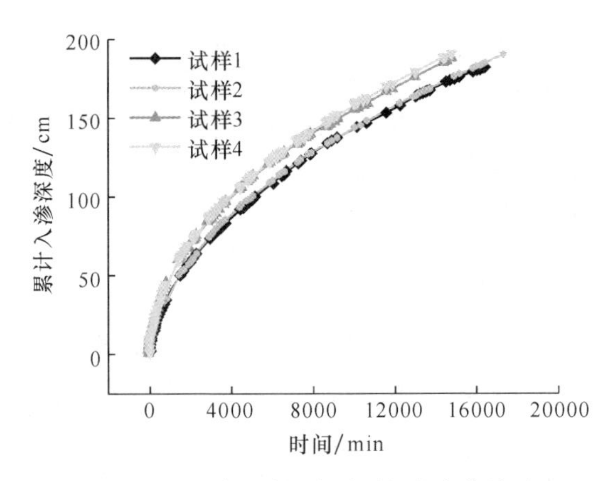

图 2-2　累计入渗深度随时间的变化关系

湿润锋运移速率的差异可以作为不同土体对水分运移规律的依据，也可以表示土体的湿润快慢程度和湿润范围。研究发现，不同最大粒径的 4 组试样，其湿润锋运移速度随时间的变化趋势相同，图 2-3 为试样 1 的湿润锋运移速率随时间的变化关系。入渗伊始，即水分刚进入非饱和土体，湿润锋运移速度达到最大值，在入渗前期，湿润锋运移速率快速下降，随着入渗时间推移，湿润锋运移速率逐渐趋于一个稳定值。

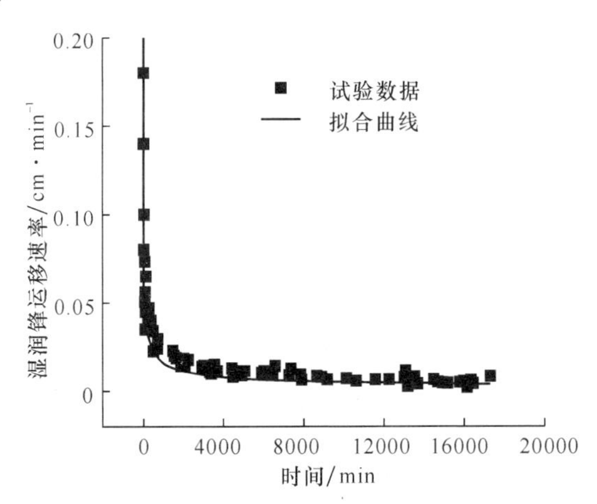

图 2-3　湿润锋运移速率随时间的变化关系

通过试验得到试样 1 ~ 试样 4 对应的稳定湿润锋运移速率分别为：0.0052cm/min、0.0060cm/min、0.0062cm/min、0.0074cm/min，可以看出：在一维水平入渗中，土样的最大粒径对入渗的湿润锋运移速率有一定影响，随着最大粒径的增大，稳定湿润锋运移速率也会相应增大。

湿润锋运移速率与时间的变化规律符合幂函数关系 $v=\lambda \cdot t^{-0.5}$，λ 为拟合参数。利用该函数拟合湿润锋运移速率随时间变化的试验数据，拟合结果如表 2-2 所示，λ 在 0.500～0.523 之间，且随着最大粒径的增大而增大，说明 λ 可表示粒径的大小对入渗的影响情况。

表 2-2 湿润锋运移速率与时间关系的拟合参数

试样	系数 $\lambda/\text{cm}\cdot\text{min}^{0.5}$	拟合相关系数 R^2
试样 1	0.500	0.93
试样 2	0.517	0.91
试样 3	0.519	0.89
试样 4	0.523	0.92

2.1.3.3 入渗率变化规律

入渗率是单位时间内通过单位横截面积的水的通量，反映了土壤的入渗能力。土壤对水的渗透能力一般用入渗率或者累积入渗率来衡量。根据 Green-Ampt 入渗模型，假定土壤入渗时存在明显的湿润锋面，湿润锋面将土壤分为饱和区和未湿润区。湿润锋后面为饱和区，土壤含水率为饱和含水率 θ_s，导水率为饱和导水率，湿润锋前面为未湿润区，土壤含水率为初始含水率 θ_i。分析水平入渗过程中，假设湿润锋推进的方向为 x 轴方向，湿润锋位置为 x_f。在试验过程中，水平土柱不考虑重力势影响，只存在基质吸力 s_f 和压力水头的压力势。由达西定律可知，入渗率为：

$$i = k_s \frac{h_0 + s_f}{x_f} \tag{2-1}$$

依据水量平衡原理，入渗过程中供水系统（马氏瓶）减小的水量与入渗过程中土体内水分增量是相等的，通过累计入渗量和湿润锋关系可以得出：

$$I = (\theta_s - \theta_i) \cdot x_f \tag{2-2}$$

对入渗量求导，可得：

$$i = \frac{dI}{dt} = (\theta_s - \theta_i) \frac{dx_f}{dt} \tag{2-3}$$

根据式（2-3）可以求出入渗率，不同最大粒径下的水平入渗率随时间的变化趋势大致相同，试样 1 入渗率随时间变化如图 2-4 所示。可以看出，入渗率的大小随着入渗时间发生变化，初期入渗率大，随着入渗时间的增加，在入渗 60min 之后，入渗率迅速下降；入渗 1500min 之后逐渐趋于稳定入渗率，试样 1～试样 4 的稳定入渗率分别为 0.0012cm/min、0.0017cm/min、0.0020cm/min、0.0023cm/min，土颗粒最大粒径越大，入渗率数值越大。

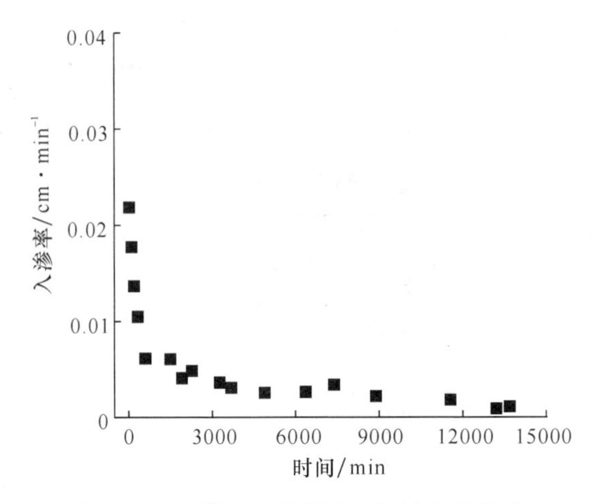

图 2-4　试样 1 入渗率随时间的变化关系

2.1.3.4　饱和渗透系数

渗透系数又称水力传导系数，在各向同性介质中，它定义为单位水力梯度下的单位流量，表示流体通过孔隙骨架的难易程度。渗透系数是综合反映土体渗透能力的一个指标，其数值的准确性对于渗透计算有着非常重要的意义。渗透系数可以通过室内实验测定和野外现场实验测定，室内实验包括常水头试验方法和变水头试验方法。

通过本试验观察发现，随着溶液在土柱一维水平方向运动，从左向右的测压管中依次有水头高度出现，图 2-5 为试样 1 的测压管水头高度随时间变化关系。

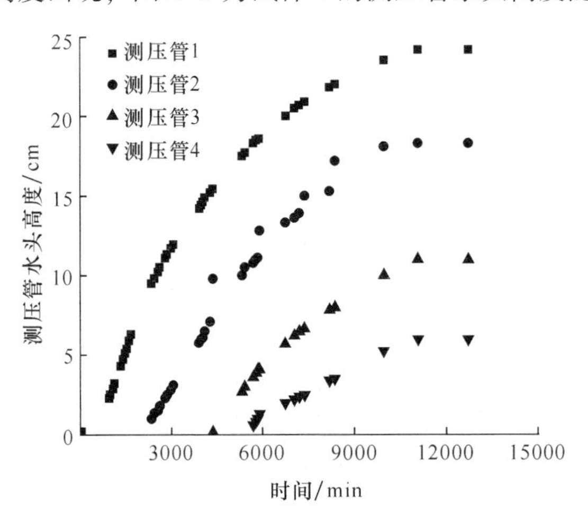

图 2-5　测压管水头高度随时间的变化关系

由图 2-5 可知，各测压管中水头高度上升规律趋势相同，水头出现初期，其上升速度快，随着入渗时间的增长，速度逐渐减小，最终测压管中水头高度趋于稳定。在同一土柱中，随入渗长度的增加，从左往右的测压管水头高度依次递减。这是因为：水中任意一点的总势能包括压力势、基质势、重力势、溶质势和温度势能，溶质势和温度势一般可忽略不计，水中任意两点间如存在水头差时就会发生渗流，水从能量高处流向能量低处。当水在压力势、基质势和重力势作用下流动时，由于总水头控制不变，即压力势恒定，但由于基质势作用和水与试验装置的器壁间的黏滞力作用所消耗的能量，故水头存在着能量损耗，导致该现象发生。

随着入渗时间不断增长，溶液逐渐运动到土柱最右端，水平试验装置末端开始析出溶液，图 2-6 为累积析出水量和时间的变化关系。可以看出，累积析出水量和时间呈现较好的线性关系，因为入渗过程中有包含多个阶段，分别为非饱和入渗阶段、饱和非稳定阶段和饱和稳定阶段，当渗水管单位时间内析出的水量大致相等，可判断装置末端有水析出时为第三阶段饱和稳定阶段，已经形成了稳定流。

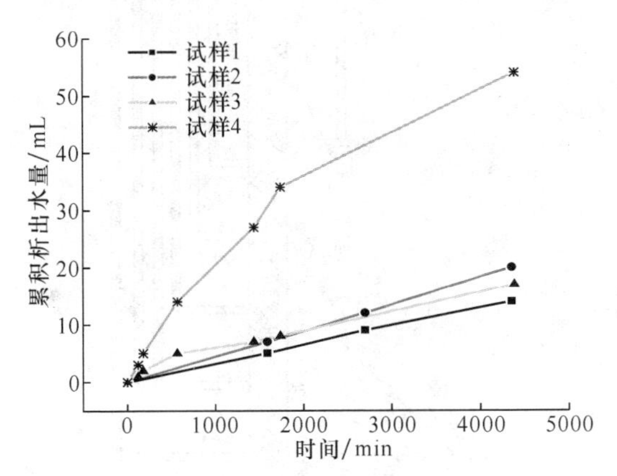

图 2-6 累积析出水量随时间的变化关系

根据饱和达西定律，有：

$$Q = k\frac{h}{L}At \tag{2-4}$$

式中，Q 为渗流量；k 为饱和渗透系数；A 为土柱的横截面积；h 为水头差；L 为渗径长度；t 为入渗时间。

由式（2-4）可计算出饱和渗透系数，如表 2-3 所示。可以看出，随着最大粒径的增大，一维水平入渗的饱和渗透系数逐渐增大。

表 2-3 一维水平饱和渗透系数值 cm/min

试验土样	试样 1	试样 2	试样 3	试样 4
k	0.0013	0.0019	0.0023	0.0025

2.2 一维垂直渗流规律

2.2.1 一维垂直渗流试验装置

试验装置由土柱、测压管、马氏瓶供水器和称量设备等组成，如图 2-7 所示。主管为外径 50mm、长度 2000mm 的有机玻璃管，竖向测压管外径 20mm，且贴有刻度尺，精度为 1mm；测压管和主管连接部分用纱布堵住，防止土粒进入；试验土柱的直径为 40mm，高 1890mm，恒定水头高为 60mm；装填土柱时，埋入 TDR 探头监测含水率变化；主管上方设有溢水管，末端设有渗水管和量筒，可测出累积析出量。

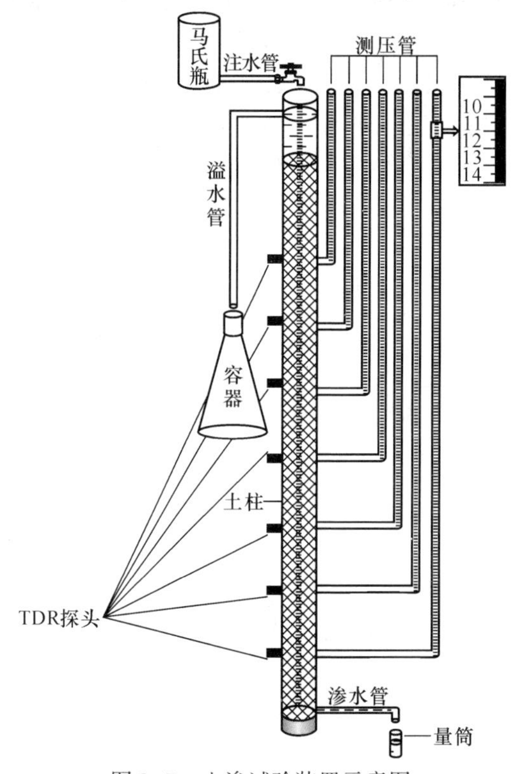

图 2-7　入渗试验装置示意图

2.2.2 试验材料

本试验采用的稀土试样和一维水平试验试样相同，取自江西省赣州市寻乌县某稀土矿。在室内放置若干天，自然风干。试验前，将块度较大矿土进行简单地碾压，然后进行筛分试验测定稀土试样的颗粒级配。按最大粒径 0.3mm、0.6mm、1.18mm、2.36mm 将稀土试样分为 4 组，进行一维垂直试验土样的基本物理特性见表 2-4。

表 2-4　一维垂直渗流试样物理参数

试样	不同粒径组所占比例/%					饱和含水率 θ_s/%	初始含水率 θ_i/%
	2.36～1.18mm	1.18～0.6mm	0.6～0.3mm	0.3～0.15mm	0.15～0.075mm		
试样 5	0	0	0	52.78	47.22	33.23	6.38
试样 6	0	0	52.84	28.47	18.69	35.32	6.38
试样 7	0	31.25	18.76	26.39	23.60	38.57	6.38
试样 8	29.80	22.30	15.10	8.63	24.12	40.23	6.38

2.2.3　一维垂直渗流规律

2.2.3.1　累积入渗深度变化规律

图 2-8 为入渗溶液为清水和 3% 硫酸铵溶液的湿润锋累计入渗深度与时间的关系。可以看出，随着入渗时间增加，湿润锋累计入渗深度随之增长，不同粒径级配的稀土湿润锋运移规律基本相同，先快速增长，后趋于平缓。

从入渗开始至试验结束，入渗液为 3% 硫酸铵溶液的累计入渗深度曲线一直在清水的累计入渗深度曲线上方，因为入渗动力主要来自土中水的势能，3% 硫酸铵溶液重力势和压力势作用较大，溶质势影响很小，故其土水势更大。在入渗初期，与水头周围直接接触的部分土，含水率迅速增大，土体快速达到饱和；气体少，有助于湿润锋的运移。在含水率较高的情况下，稀土中存在连续的毛细管水，引起湿润锋的快速运移。入渗至中后期，湿润锋运移速率快速减慢，这是因为在入渗过程中湿润锋前段具有较强的气势压，对湿润锋的运移造成阻碍作用，直至以稳定的速率推移。在入渗过程中，对湿润锋运移起主导作用的是土层压力水头高度，粒径对湿润锋的运移有一定影响，粒径越大，对水分运移有推进作用，湿润锋瞬时运移速率越大。

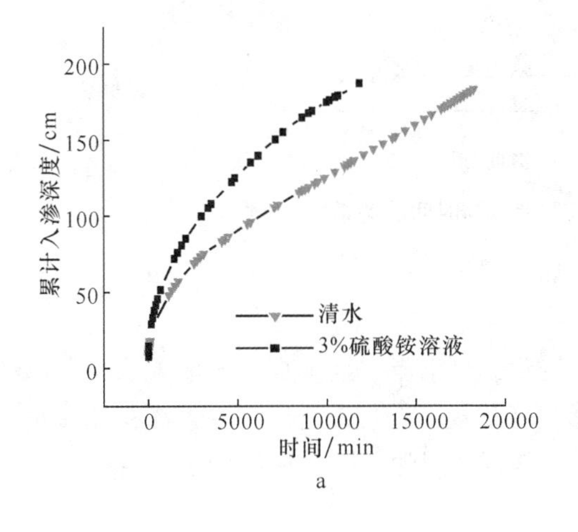

a

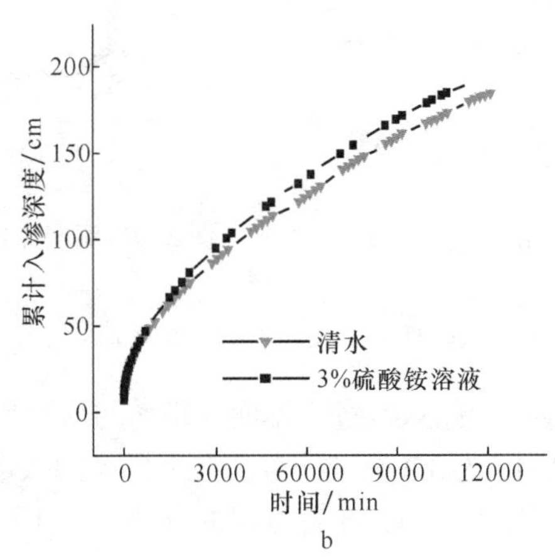

b

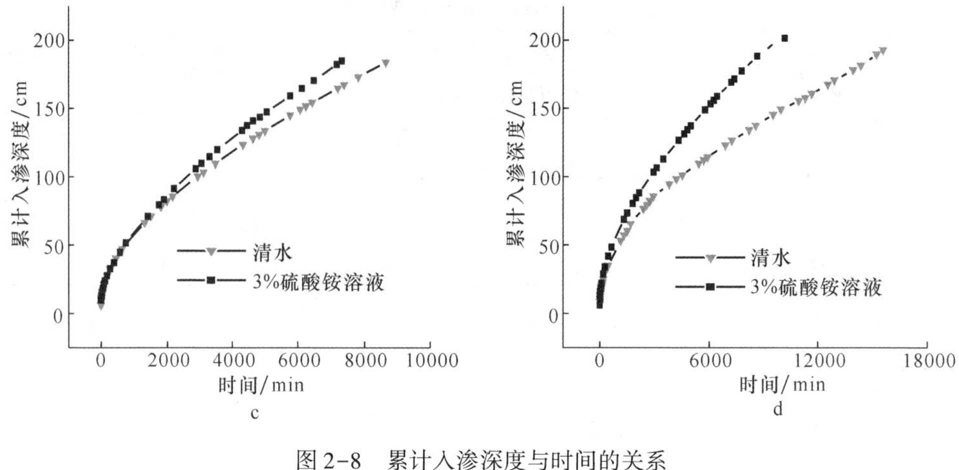

图 2-8 累计入渗深度与时间的关系

a—试样 5；b—试样 6；c—试样 7；d—试样 8

2.2.3.2 湿润锋运移速率变化规律

在一维垂直方向上，溶液入渗到不同粒径稀土中的湿润锋运移速率随时间的变化趋势相同，首先快速减小，然后缓慢发展，最后趋于一个稳定值，图 2-9 为 3% 硫酸铵溶液在试样 5 的土柱中湿润锋运移速率与时间的关系。

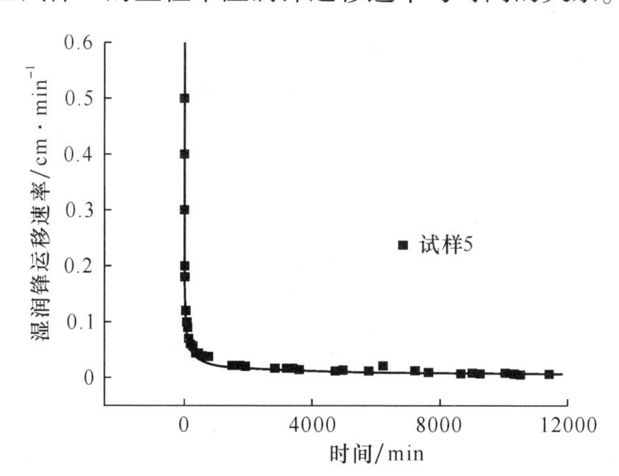

图 2-9 湿润锋运移速率与时间的关系

2.2.3.3 入渗率变化规律

根据入渗过程湿润锋距离与含水率变化，可求得一维垂直方向的入渗率，图 2-10 为 3% 硫酸铵溶液在试样 5 的入渗率变化规律。可以看出：在入渗初期有很高的入渗率，随着时间的推移，稀土的入渗性能迅速下降，最后趋于稳定。

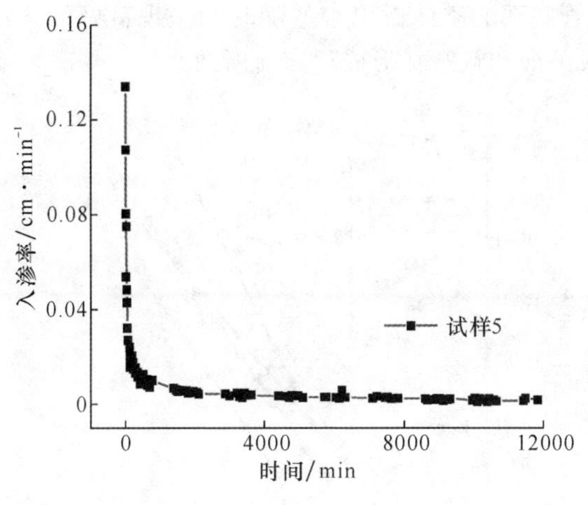

图 2-10 入渗率与时间的关系

2.2.3.4 饱和渗透系数

进行3%硫酸铵溶液在土柱中的一维垂直入渗试验，4 组试验在测压管中均有水头出现，记录测压管水头高度及时间和主管底部渗水管析出水量及时间。试样 5 测压管上升高度与时间的关系曲线如图 2-11 所示。

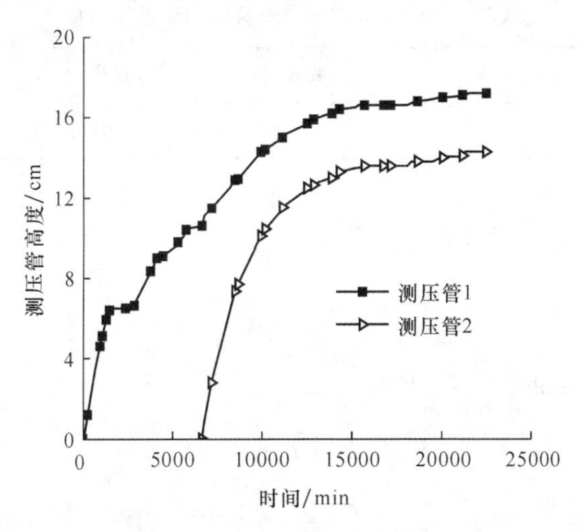

图 2-11 测压管上升高度与时间的关系

由图可知，测压管中水头的上升规律大致相同，初期快速上升，随着入渗时间的增长，上升的速率逐渐减小，直到测压管水头高度接近某固定值，趋于稳定。

一维垂直入渗 4 组试样累计析出水量与时间的关系曲线如图 2-12 所示。由

图 2-12 可知，主管底部的累计析出水量随时间呈现良好的线性关系，这是由于土柱已经完全进入了饱和状态，形成稳定流所致。

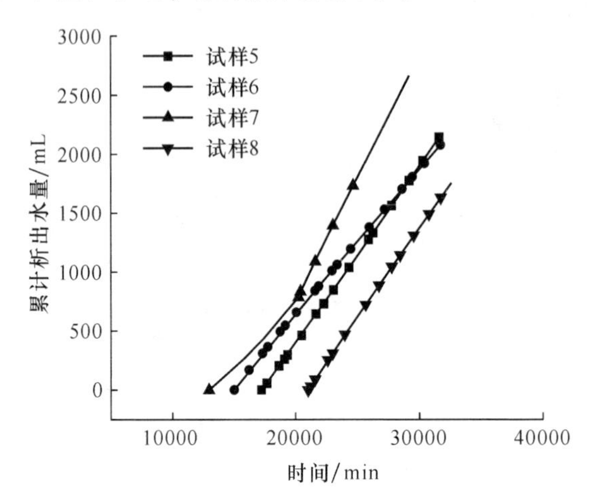

图 2-12　累计析出水量与时间的关系

根据达西定律，即式（2-4）可得饱和渗透系数如表 2-5 所示。可以看出，在一维垂直方向入渗的饱和渗透系数在 0.0120 ~0.0170cm/min 之间。

表 2-5　稀土试样一维垂直饱和渗透系数值　　cm/min

试验土样	试样 5	试样 6	试样 7	试样 8
k_s	0.0135	0.0142	0.0170	0.0120

2.3　Green-Ampt 模型改进与验证

2.3.1　模型改进

根据 Green-Ampt 模型，可得

$$i = k_s + k_s \frac{s_f + h_0}{z} \tag{2-5}$$

式中，i 为入渗率；k_s 为土壤饱和导水率；z 为湿润锋深度；s_f 为湿润锋平均基质吸力；h_0 为常水头高度。

假设

$$i = c + dx \tag{2-6}$$

其中：

$$c = k_s \tag{2-7}$$

$$s_f = \frac{d}{k_s} - h_0 \tag{2-8}$$

式中，c、d 为拟合参数；$x = 1/z$。

根据式（2-6）~式（2-8）可以拟合出入渗时的土样饱和导水率和基质吸力。

设干土层的含水率为初始含水率 θ_i。饱和层的含水率为饱和含水率 θ_s；则累计入渗量为：

$$I = (\theta_s - \theta_i) \times z \tag{2-9}$$

对累计入渗量求导，可得：

$$i = (\theta_s - \theta_i) \times \frac{dz}{dt} \tag{2-10}$$

根据入渗率的倒数和累计入渗量关系，可以得出湿润锋瞬时运移速度随湿润锋深度的函数关系为：

$$v = \frac{dz}{dt} = \frac{k_s}{\theta_s - \theta_i}\left(\frac{z + s_f + h_0}{z}\right) \tag{2-11}$$

传统 Green-Ampt 入渗模型假定湿润锋前面为干土区，湿润锋后面湿润层为饱和区，与实际入渗不符合，因此，基于分层假定对 Green-Ampt 入渗模型进行改进。假设水在土层中的入渗过程湿润层包括饱和层和过渡层，如图 2-13 所示，z_s 为饱和层厚度，z_w 为过渡层厚度。设过渡层含水率为 $\theta(z)$，其值介于初始含水率 θ_i 和饱和含水率 θ_s 之间。

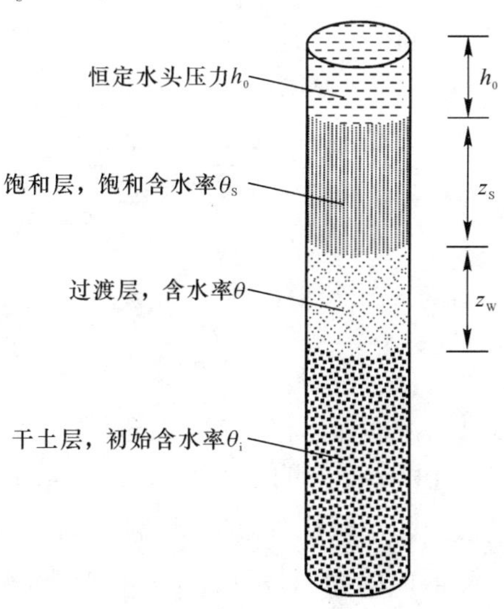

图 2-13 基于分层假定的模型示意图

试验中过渡层体积含水率呈椭圆曲线变化，将过渡层长度等分，通过过渡层含水率随湿润锋长度的关系，计算平均值，得过渡层含水率：

$$\theta(z) = 0.78\theta_s + 0.22\theta_i \tag{2-12}$$

假定过渡层的非饱和导水率与其含水率的大小呈正比，根据饱和层的含水率和饱和导水率，可以得出过渡层的非饱和导水率，关系如下：

$$k(z) = p \times k_s = \frac{\theta(z)}{\theta_s} k_s \tag{2-13}$$

其中，$p = \dfrac{\theta(z)}{\theta_s}$。

根据上述分层假定，可以分别得出入渗过程中饱和层和过渡层的入渗量 I_s 和 I_w，其值为：

$$I_s = (\theta_s - \theta_i) z_s \tag{2-14}$$

$$I_w = \frac{1}{4}\pi(\theta_s - \theta_i) z_w \tag{2-15}$$

由非饱和达西定理，得：

$$i_w = k(z)\left(\frac{s_f + z_w}{z_w}\right) \tag{2-16}$$

根据达西定律和水量平衡原理，某一时间段进入过渡层的水量即为：

$$i_w \mathrm{d}t = \frac{\pi}{4}(\theta_s - \theta_i)\mathrm{d}z_w \tag{2-17}$$

式中，i_w 为过渡层入渗率。

将式（2-15）和式（2-16）代入式（2-17）得到湿润锋前瞬时运移速度和湿润锋深度的关系：

$$v_w = \frac{\mathrm{d}z_w}{\mathrm{d}t} = \frac{k_s}{(\theta_s - \theta_i)} \times \frac{A}{B} \tag{2-18}$$

其中，$A = \dfrac{4p}{\pi}$，$B = 1 + \dfrac{s_f}{z_w}$。

2.3.2 模型验证

通过改进模型可以计算湿润锋运移速率，改进模型计算结果与原模型计算结果对比（试样 5）如图 2-14 所示。可以看出：Green-Ampt 入渗模型的湿润锋处瞬时运移速率大于改进模型的湿润锋处瞬时运移速率和实测值。随着时间增长，改进模型拟合曲线和实测值曲线相当接近；Green-Ampt 入渗模型拟合的湿润锋增长速率大于改进模型和实测值，这是由于入渗模型假定存在缺陷导致的；相比较 Green-Ampt 入渗模型，改进入渗模型考虑了实际入渗的情况，寻求了渗流速度的数值解，更加贴近实际值。

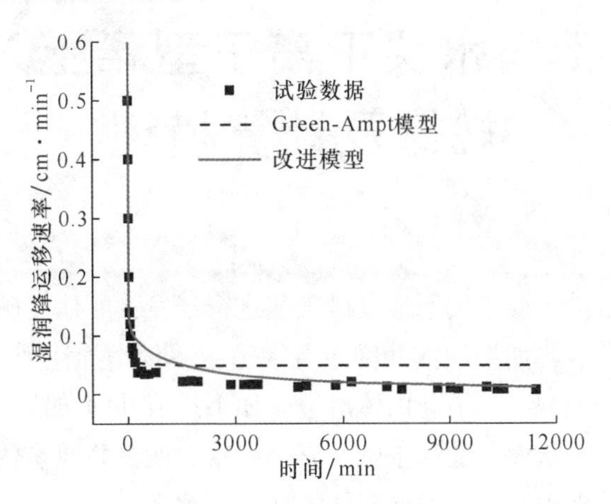

图 2-14 改进模型与 Green-Ampt 模型计算值比较

本章小结

(1) 在一维水平方向上，4 种不同粒径稀土试样一维水平入渗的湿润锋累积入渗长度随时间的变化趋势大致相同。随着入渗时间的增加，湿润锋累积入渗深度呈现先快速增加，后缓慢发展趋势。湿润锋运移速率先达到最大值，后快速减小再趋于稳定；不同粒径的土样，对湿润锋运移速率影响不同。湿润锋运移速率与时间之间的关系符合幂函数关系 $v=\lambda\times t^{-0.5}$，在一定粒径范围内，湿润锋运移速率随着最大粒径的增大而递增，其参数 λ 相应递增。

(2) 通过试验计算得出水平饱和渗透系数，在一定粒径范围内，土样的最大粒径对饱和渗透系数产生影响，随着最大粒径的增大水平饱和渗透系数也会增大。这也说明粒径对入渗的影响，有必要在稀土矿山原地浸开采工程实践中考虑。

(3) 在一维垂直方向上，离子型稀土中清水和 3% 硫酸铵溶液入渗的湿润锋入渗深度随时间的变化趋势基本相同。随着入渗时间的增加，湿润锋累积入渗深度呈现先快速增加，后缓慢发展的趋势。湿润锋运移速率值呈先快速减小，后缓慢发展的趋势。在入渗初期有很高的入渗率，随着时间的推移，入渗性能迅速下降，最后趋于稳定。

(4) 将入渗稀土层分为饱和层、过渡层和干土层，基于分层假设基础上对 Green-Ampt 模型进行了改进，结合室内试验结果对改进后的 Green-Ampt 模型进行了验证，结果表明，风化壳淋积型稀土浸矿液一维垂直入渗的湿润锋速率 Green-Ampt 改进模型计算值和试验实测值吻合较好，计算精度显著提高，改进模型可以有效地验证风化壳淋积型稀土一维垂直入渗速率。

3 不同水头下离子型稀土入渗规律及计算模型

离子型稀土目前主要采用原地浸矿工艺进行开发，原地浸矿开采设计的关键因素是计算井网参数，如果注液井网布置太密，不仅增加注液井的钻孔工程量，且容易造成山体过度饱和，引起山体滑坡；如果注液井网布置太疏，则会形成许多浸矿死角与盲区，从而制约稀土资源充分回收。设置井网参数的主要依据是单井注液影响范围，即入渗过程的湿润体特征及运移规律，因此，确定单井注液影响范围对于降低浸矿剂消耗、提高稀土资源回收率，以及控制土体变形破坏具有重要意义[154]。

要确定原地浸矿过程的注液影响范围，就需要研究离子型稀土入渗规律及计算模型。注液强度是影响单井注液影响范围的重要因素之一，因为不同的注液强度，产生了不同的水头压力（水头高度），造成浸矿溶液流动的动力不同，从而对入渗过程中的渗流速度、浸润范围造成影响。研究不同水头下单井注液的离子型稀土入渗规律及计算模型，对于离子型稀土原地浸矿范围预测和适时调控具有重要作用，对于提高稀土资源浸取率具有重要理论价值。目前，对于离子型稀土渗流的理论研究多是从一维入渗角度分析，理论成果与实际情况有时候相差较大，二维入渗规律更加贴合工程实际，针对离子型稀土的二维入渗特性相关研究不多，故研究离子型稀土二维入渗特性及其影响因素具有重要的现实意义。本章通过对江西龙南足洞矿区稀土试样进行二维入渗试验，研究了不同入渗水头下湿润体形状及湿润锋运移规律，推求了水平湿润锋距离、垂向湿润锋距离与湿润体体积计算模型，并与试验值进行比较，检验模型精度，通过三维 Green-Ampt 模型入渗能力曲线分析了三维入渗率与一维入渗率的差异。

3.1 试验材料与方法

3.1.1 单井注液模拟试验装置

在室内进行入渗模拟试验，首先需要设计相应的模拟装置。通常情况下，入渗试验装置包括四个部分：能够模拟现场环境及提供稳定入渗水头或入渗量的供水系统；承装土体并有利于观察湿润锋运移规律的土箱；土体中入渗水分的测量设备；其他称量及制样等辅助设备。本试验通过自制试验装置，从而模拟离子型稀土单井注液过程，整个试验系统由供水装置、试验土箱、注液管、溢流管、电子秤等组成，如图 3-1 所示。

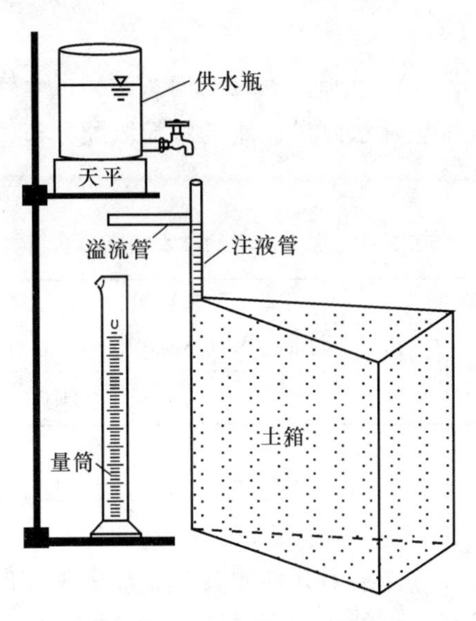

图 3-1 试验装置示意图

根据单井注液的特点，供水装置由一个下口瓶改造而成，方便读取注液水量，试验土箱为 30°夹角的扇柱体土箱，土箱采用透明有机玻璃制作，水平方向和垂直方向高度均为 50cm，外壁上贴有刻度尺以便观测入渗过程中湿润锋距离，读取精度为 1mm。不同的注液水头试验分别采用 5 组不同规格的注液管和溢流管，注液管半径为 1cm，注液管和溢流管连成一个整体，溢流管到土柱表面的高度分别为 5cm、10cm、15cm、20cm、25cm，从而控制不同的注液水头。由量筒和固定支架组成集水装置，以便收集从溢流管排出的水。根据注液水量和排水水量，可以求得土箱中的水分入渗量。

3.1.2 试验材料

试验土样取自江西省赣州市龙南县足洞稀土矿区，地理坐标为东经 114.78°，北纬 24.92°，该稀土矿区是赣南地区乃至全国范围内典型的特大型重稀土富集稀土矿区，原岩主要为花岗岩，花岗岩的造岩矿物由石英 39%、钠长石 25%、微斜条纹长石 31%、白云母 4.0%、黑云母 0.5% 组成。在矿区山顶和山脊方向钻孔取土，一般表层腐殖层和残坡积层土壤为 1 ~ 3m，稀土矿物主要富集在全风化层，其内部的黏土矿物主要为高岭石、多水高岭石及埃洛石，含量 21% ~

41%，全风化层构成似层状矿体，稀土含量 RE_2O_3 为 0.1% ~0.4%，约为原岩稀土含量近 10 倍。矿石中轻稀土约占 19%，重稀土约占 81%，重稀土中 Y_2O_3 占 53.4%，富含钇（Y）元素。用洛阳铲钻孔约 3m 取矿土，取土深度为见矿 0.5 ~1m。

将土样进行风干，捣碎，过筛，通过室内实验测得土样的密度、风干后的含水率、液限和塑限，利用振筛法测试矿土的颗粒级配分布，土样的基本物理参数如表 3-1 所示。

表 3-1　稀土试样的基本物理参数

密度 ρ/g·cm^{-3}	含水率 θ/%	液限 w_L/%	塑限 w_P/%	颗粒级配/% 5 ~2mm	2 ~1mm	1 ~0.5mm	0.5 ~0.075mm	<0.075mm	土样类别
1.56	1.8	39.56	30.27	12.45	7.25	11.05	11.66	57.59	黏质粉土

为了对本离子型稀土试样的矿物组成和化学元素组成进行分析，分别对土样进行了 X 射线定量衍射测试（X-ray Diffraction，XRD）和 X 射线荧光光谱分析（X-ray Fluorescence，XRF），结果分别如表 3-2 和表 3-3 所示。可以看出，高岭石等硅酸盐矿物是离子型稀土的主要载体，约占 37.17%，钾长石、石英、白云母等居于次要地位，在该类稀土矿中，伴生大量 Al、K、Fe 等金属元素。

表 3-2　土样的矿物成分 XRD 半定量分析　%

矿物成分	高岭石	钾长石	石英	白云母	其他
含量	37.17	29.79	21.31	7.16	4.57

表 3-3　土样的化学元素 XRF 半定量分析　%

化学元素	O	Si	Al	K	Fe	Cu	Mn	Rb	Pb	Th	稀土元素	其他
含量	41.899	30.964	16.610	4.738	1.135	0.180	0.115	0.113	0.042	0.005	0.108	4.091

3.1.3　试验过程

按照原状土的密度，设定试验土样的密度为 1.56g/cm^3。将风干后的土样分层装入土箱内，层厚约 5cm，每装入一层土样，用木锤轻轻将其均匀振捣，将捣实后的层面刮毛，再装入下一层，防止出现分层现象。入渗水头分别设置为 5cm、10cm、15cm、20cm、25cm，每组试验的入渗时间设置为 10h，试验注入的溶液为清水。土样和试验装置准备好后，打开供水系统的阀门开始注液，然后用秒表计时，按照先密后疏的原则观测土体入渗过程，前 3h 每隔 10min 记录 1 次数据，3h 以后每隔 30min 记录一次数据。每次记录时，分别读取水平方向和垂直方向上的入渗距离，从而分析不同时间、不同方向的入渗特性及其变化规律。在入渗初期风干土样含水率低，颜色较浅，入渗后的湿润区域颜色更深，存在明显的湿润锋，因此可以在土箱上描绘出不同入渗时刻所对应的湿润锋位置及形状，同时测量水平方向湿润距离、垂直方向湿润距离，以及 15°、30°、45°、60°、75°方向的最大湿润距离。为了保证试验数据的准确性，每个水头入渗试验重复试验 3 次，取其平均值作为试验数据。通过计算供水瓶的注液量以及收液量筒中水量差，便可得出土样中水分的累计入渗量。

3.2 二维入渗规律与分析

3.2.1 湿润体形状

在注液过程中，湿润体形状主要受土的种类和容重、水头高度、注液时间和含水率等因素影响，湿润体形状是研究注液影响范围的基础。为了方便观察湿润体，将实测的湿润体形状及距离表示在二维坐标系内，如图 3-2 所示。由对称性可以看出，在入渗过程中，完整的湿润体近似为半个椭球体。随入渗时间的增加，湿润体对称中心逐渐下移。分析认为，在入渗初期，湿润锋运移驱动力主要是土水势中基质势作用，水平方向上水分运移速率快，湿润体的形状为长轴在水平方向的椭球体；随着入渗历时的增加，初始入渗土体开始接近饱和，垂直方向的重力势和压力势作用逐渐增大，并接近水平方向的驱动力，垂直方向水分运移速率接近水平方向，湿润体形状开始向半球体发展。

从图中可以看出，五种不同水头条件下的湿润体形状均直观表现为椭球体。当注液时间为 600min 时，水头高度 $h=5$cm 条件下，水平入渗距离为 23.3cm，垂直入渗距离为 21.4cm；水头高度 $h=25$cm 条件下，水平入渗距离为 36.6cm，垂直入渗距离为 32.8cm；水平方向的入渗距离增长了 1.57 倍，垂直方向的入渗距离增长了 1.53 倍。显然，水头高度对入渗有明显的影响，直观反映的是湿润体大小不同。注液水头越大，湿润体的水平方向入渗距离和垂直方向入渗距离均越大，湿润体体积也越大。随着水头高度的增加，水平方向的水分入渗速度增加幅度更大一些。

考虑到一般情况，从而对湿润体形状是椭球体进行数学上的验证。假设湿润体为半个椭球体，且入渗点源在坐标系的中心，则过湿润体对称轴的任意剖面为一椭圆，该椭圆方程式表示为：

$$\frac{x^2}{a_1^2}+\frac{y^2}{b_1^2}=1 \tag{3-1}$$

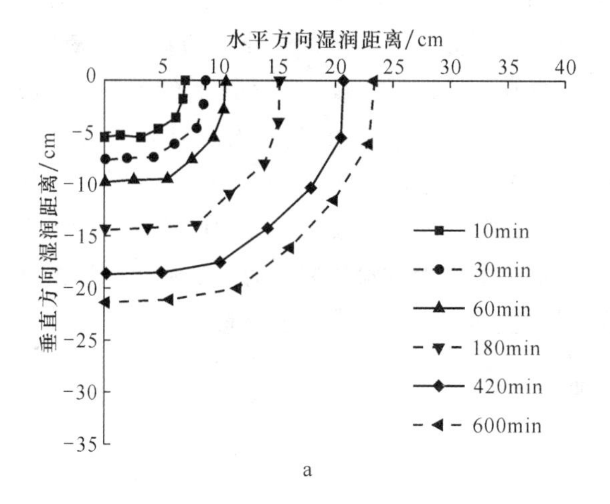
水平方向湿润距离/cm
垂直方向湿润距离/cm
0
5
10
15
20
25
30
35
40
-5
-10
-15
-20
-25
-30
-35
10min
30min
60min
180min
420min
600min

a

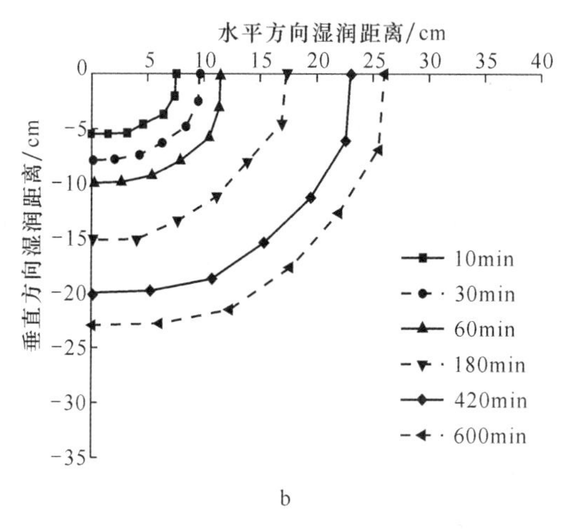
水平方向湿润距离/cm
垂直方向湿润距离/cm
0
5
10
15
20
25
30
35
40
-5
-10
-15
-20
-25
-30
-35
10min
30min
60min
180min
420min
600min

b

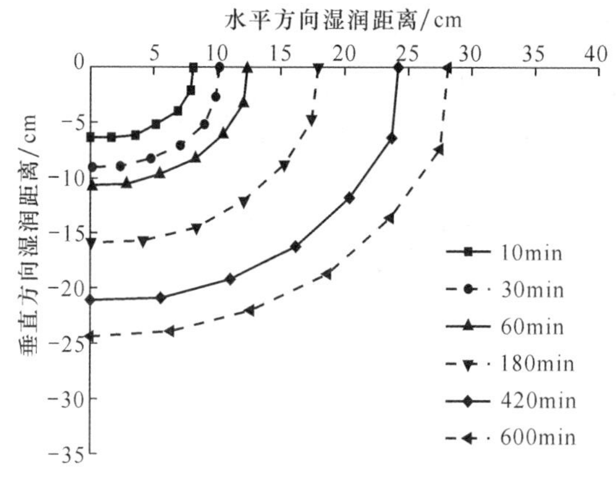
水平方向湿润距离/cm
垂直方向湿润距离/cm
0
5
10
15
20
25
30
35
40
-5
-10
-15
-20
-25
-30
-35
10min
30min
60min
180min
420min
600min

c

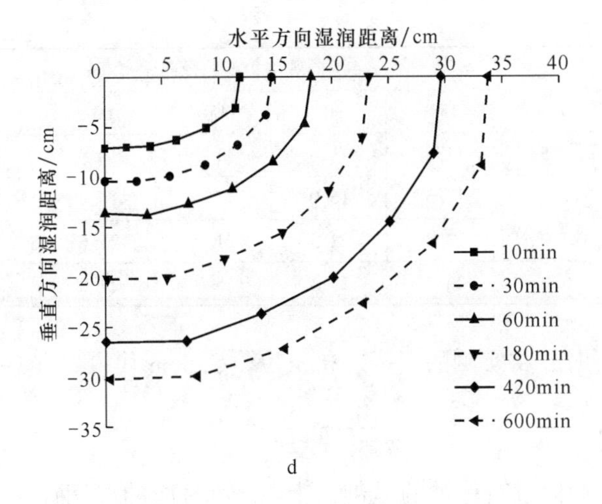

d

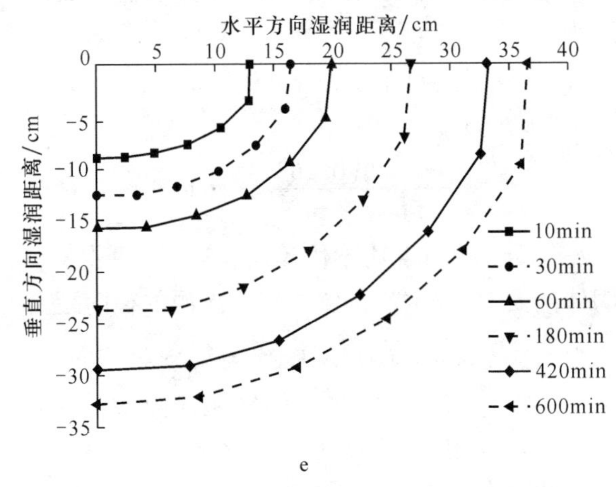

e

图 3-2　湿润体形状观测结果

a—h=5cm；b—h=10cm；c—h=15cm；d—h=20cm；e—h=25cm

式中，a_1 为湿润体的水平方向入渗距离，cm；b_1 为湿润体的垂直方向入渗距离，cm。

以 h=10cm 的观测数据作为验证样本，不同观测角度上湿润锋与入渗原点之间的径向距离如表 3-4 所示，即与水平方向成 0°、15°、30°、45°、60°、75°、90°方向湿润锋边界和入渗原点的最大湿润距离。

表 3-4　不同入渗时刻湿润锋距离点源的径向距离

入渗时间/min	不同观测角度的径向距离/cm						
	0°	15°	30°	45°	60°	75°	90°
10	7.5	7.7	7.4	6.5	6.3	5.7	5.5
30	9.6	9.8	9.7	8.9	8.6	8.1	7.9

续表 3-4

入渗时间/min	不同观测角度的径向距离/cm						
	0°	15°	30°	45°	60°	75°	90°
60	11.5	11.8	11.6	11.2	10.8	10.3	10.0
180	17.3	17.5	16.0	15.8	15.4	15.4	15.2
420	23.0	23.4	22.5	21.9	21.6	20.5	20.0
600	26.0	26.4	25.4	25.0	24.8	23.6	23.0

当 $t=10$min 时，将实测的 $a_1=7.5$cm，$b_1=5.5$cm 代入式（3-1），即

$$\frac{x^2}{7.5^2}+\frac{y^2}{5.5^2}=1 \tag{3-2}$$

设此时刻湿润体过对称轴的纵剖面上 15°角对应的湿润锋横向坐标为 x，则垂向坐标 y 可表示为：

$$y=\tan 15°\cdot x=0.268x \tag{3-3}$$

将式（3-3）代入式（3-2），得：

$$\frac{x^2}{7.5^2}+\frac{(0.268x)^2}{5.5^2}=1 \tag{3-4}$$

由式（3-4）解得 $x=7.0$cm，将 x 代入式（3-2）可得 $y=1.9$cm，从而求得入渗 10min 时湿润体剖面 15°角对应的湿润锋距点源的径向距离为：

$$R=\sqrt{7.0^2+1.9^2}=7.25 \tag{3-5}$$

同理可求得 30°、45°、60°、75°角湿润锋距离点源的距离分别为 6.81cm，6.22cm，5.87cm，5.58cm。依次计算 30min、60min、180min、420min、600min 湿润锋距离入渗原点的距离，结果见表 3-5。

从表 3-5 可以看出，按照椭圆几何方程计算的不同角度径向距离和实测距离吻合度比较高，误差在 0.9% ~8.7% 之间。依次分析水头高度为 5cm、15cm、20cm、25cm 的试验数据，计算值和实测值误差在 15% 以内。因此，通过椭圆几何方程计算验证可知，具有恒定水头压力单井注液所形成的湿润体形状近似为半椭球体。

表 3-5 湿润锋实测值与计算值的误差分析

入渗时间/min	观测角度														
	15°			30°			45°			60°			75°		
	实测值	计算值	误差/%	实测值	计算值	误差/%	实测值	计算值	误差/%	实测值	计算值	误差/%	实测值	计算值	误差/%
10	7.7	7.25	6.2	7.4	6.81	8.7	6.5	6.22	4.5	6.3	5.87	7.3	5.7	5.58	2.2
30	9.8	9.41	4.1	9.7	9.14	6.1	8.9	8.63	3.1	8.6	8.20	4.9	8.1	7.86	3.1

续表 3-5

入渗时间/min	观测角度														
	15°			30°			45°			60°			75°		
	实测值	计算值	误差/%	实测值	计算值	误差/%	实测值	计算值	误差/%	实测值	计算值	误差/%	实测值	计算值	误差/%
60	11.8	11.38	3.7	11.6	11.06	4.9	11.2	10.61	5.6	10.8	10.31	4.8	10.3	10.04	2.6
180	17.5	17.18	1.9	16.0	16.76	4.8	15.8	16.12	2.0	15.4	15.59	1.2	15.4	15.65	1.6
420	23.4	22.77	2.8	22.5	22.18	1.4	21.9	21.35	2.6	21.6	20.57	5.0	20.5	20.08	2.1
600	26.4	25.79	2.4	25.4	25.18	0.9	25.0	24.32	2.8	24.8	23.57	5.2	23.6	23.19	1.8

以方程 $\alpha=(a_1-b_1)/b_1$ 计算椭球体扁率 α，其中 a_1 和 b_1 为湿润体水平入渗距离（长半轴）和垂向入渗距离（短半轴）的实测值，扁率 α 值介于 0～1 之间，计算结果如图 3-3 所示。扁率反映了椭球体的扁平程度，α 值越大，说明椭球体越扁。在入渗初期的 30min 内，湿润体扁率在 0.3～0.4 之间，椭球体的扁率偏大，分析可知，在入渗初始时期水平方向的入渗速度远大于垂直方向的入渗速度，但是随着入渗过程进行，湿润体的扁率逐渐减小，在入渗 100min 之后扁率基本稳定在 0.1 左右，说明入渗稳定后，垂直方向的入渗速度逐渐接近于水平方向入渗速度，湿润体扁率的变化趋势也说明了随着入渗时间的增加，湿润体形状从半椭球体逐渐向半球体发展。

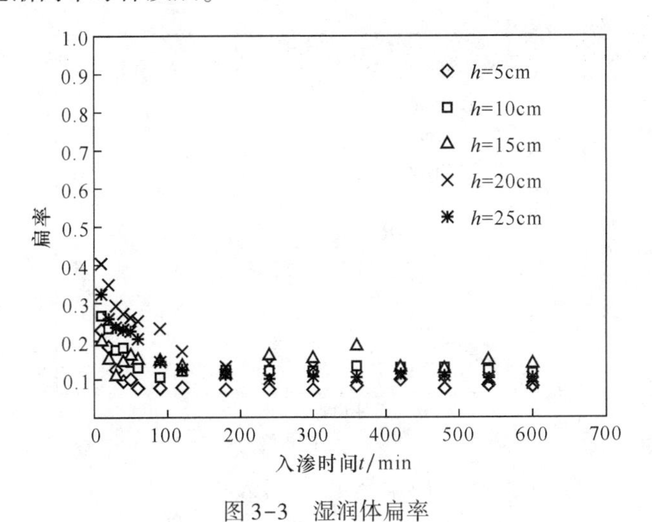

图 3-3 湿润体扁率

3.2.2 湿润体体积和入渗时间、注液量的关系

通过上述湿润体形状分析可知，单井注液离子型稀土湿润体形状近似为半椭

球体，因此，土壤湿润体的体积 $V(t)$ 可以用椭球体体积公式计算：

$$V(t)=\frac{2\pi A^2(t)B(t)}{3} \tag{3-6}$$

式中，$A(t)$ 为水平方向入渗距离；$B(t)$ 为垂直方向入渗距离。

不同水头高度下湿润体体积和入渗时间、累计入渗量之间的关系，有助于计算浸矿范围和估算稀土浸出率，对离子型稀土原地浸矿井网参数设置和注液量控制均有一定指导意义。基于椭球体体积公式和实测的二维入渗距离数据，可以计算得出不同入渗时刻的湿润体体积，通过注液量与溢流量之差计算得出累计入渗量，湿润体体积与累计入渗量的关系曲线如图 3-4 所示。可以看出，在入渗量相同的条件下，注液井内水头高度对于湿润体体积有一定影响。在累计入渗量（即供水量）相同时，注液水头越大，湿润体体积反而越小，这也说明水头高度越大，湿润体体积质量越大，含水率越高，土体的饱和度越高，在一定程度上有利于离子型稀土原地浸矿的离子交换作用的发生。但是，在累计入渗量相同时，湿润体体积大小差异很小，体积变量小于 10%，分析可知，湿润体体积 V 和累计入渗量 W 之间存在一定的线性关系：

$$W=0.326\cdot V,\ R=0.9774 \tag{3-7}$$

式（3-7）表明土体湿润体内平均含水率增量基本上保持为一固定值，即 $\Delta\theta=0.326$。设干土层的含水率为初始含水率 θ_i，湿润体内的稳定含水率为饱和含水率 θ_s，则有 $\Delta\theta=\theta_s-\theta_i=0.326$。此处含水率是体积含水率。

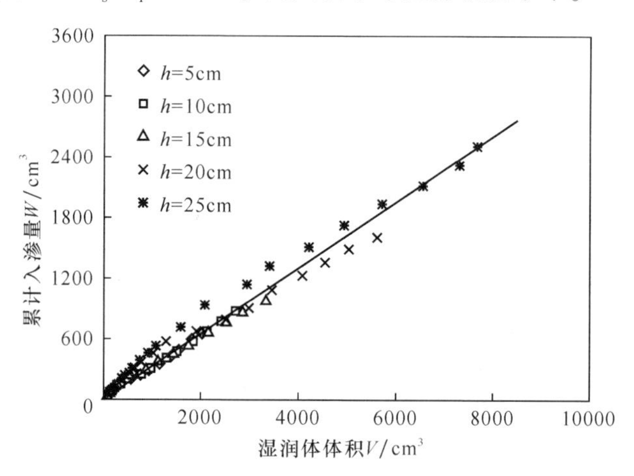

图 3-4　湿润体体积与累计入渗量的关系

3.2.3　湿润锋距离与入渗时间的关系

恒定水头注液过程中土的湿润体形状及其特征值的时空关系，是计算注液井网距离的重要依据。不同水头条件下的水平方向入渗距离和垂直方向入渗距离是湿润体两个重要的特征值，根据实测的湿润锋距离数据，得到五组不同水头条件下水平入渗距离与时间关系曲线如图3-5所示，垂直入渗距离与时间关系曲线如图3-6所示。

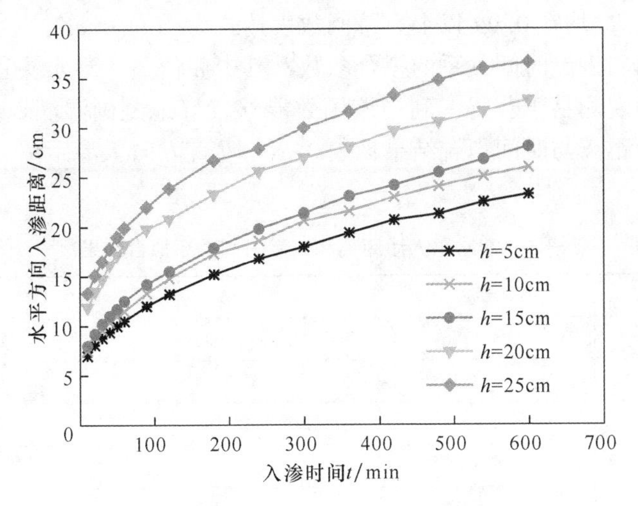

图3-5　入渗水头对水平湿润锋的影响

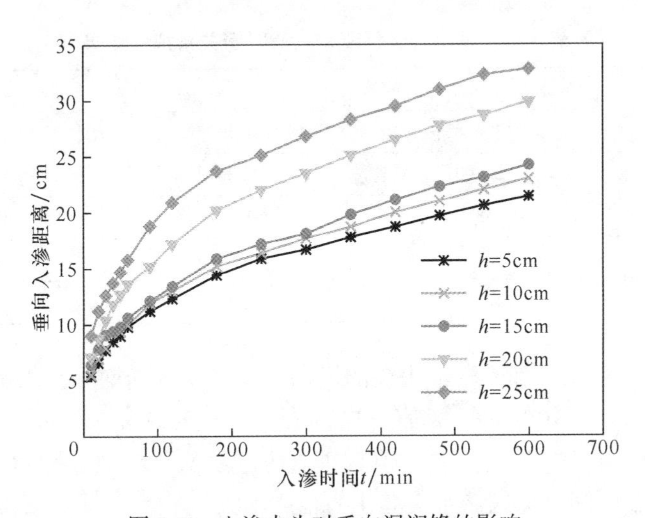

图3-6　入渗水头对垂向湿润锋的影响

由图可以看出，在注液入渗过程中，水平方向的入渗距离和垂直方向的入渗距离均随时间的增加而逐渐增大，在同一时刻，水平方向的入渗距离大于垂直方向的入渗距离。在入渗初期，湿润锋水平方向和垂直方向的入渗距离增长较快，随着入渗时间的增大，湿润锋增长速度逐渐减慢。由图可见，注液水头高度越大，水平方向入渗距离和垂直方向入渗距离都越大，$h=5$cm、$h=10$cm、$h=15$cm三种水头条件下，同一时刻的入渗距离相差较小，随着水头高度增加，入渗距离的增幅相对较小，而 h=20cm、h=25cm 较前三种水头的入渗距离的增幅较大。

对水平方向和垂直方向入渗距离与时间的关系，分别用幂函数、指数函数和对数函数进行回归分析，结果表明幂函数能够比较精确地描述它们之间的关系，决定系数 R^2 均在 0.99 以上。幂函数表达式为 $y(t)=at^b$，参数 a、b 为湿润锋入渗距离和入渗时间关系的拟合参数，其中 a 值与入渗水头正相关，两者通过湿润锋的观测易于获得，利用该函数能够较好地刻画湿润锋的运移规律，水平方向入渗距离与时间拟合结果见表 3-6，垂直方向入渗距离与时间拟合结果见表 3-7。

表 3-6　水平入渗距离和入渗时间关系拟合结果

入渗水头	a	b	R^2
h=5	3.1176	0.3088	0.9903
h=10	3.3237	0.3174	0.9918
h=15	3.4908	0.3191	0.9925
h=20	6.3867	0.2528	0.9972
h=25	7.0310	0.2562	0.9970

表 3-7　垂向入渗距离和入渗时间关系拟合结果

入渗水头	a	b	R^2
h=5	2.4285	0.3395	0.9994
h=10	2.4001	0.3514	0.9991
h=15	2.8929	0.3249	0.9934
h=20	3.1531	0.3529	0.9990
h=25	4.2693	0.3223	0.9973

从表中可以看出，随着注液水头的增加，参数 a 逐渐增大，水平方向的参数 a 值在 3.1176～7.0310 之间，垂直方向的参数 a 值在 2.4285～4.2693 之间。同一水头高度下，水平方向的参数 a 值较垂直方向更大；参数 b 相对稳定在 0.2～0.3 左右的一个区间，随入渗水头变化的幅度不大。

3.2.4　湿润锋运移速度与入渗时间的关系

将湿润锋距离随时间的变化关系对时间求导，即可得到湿润锋运移速度随时间的变化规律。湿润锋运移速度变化情况，反映了土体入渗能力及渗透特性的变化规律，对于工程实践中适时预测和调控注液具有重要理论意义。不同水头条件下的水平方向湿润锋运移速度、垂直方向湿润锋运移速度与时间关系曲线如图 3-7 和图 3-8 所示。

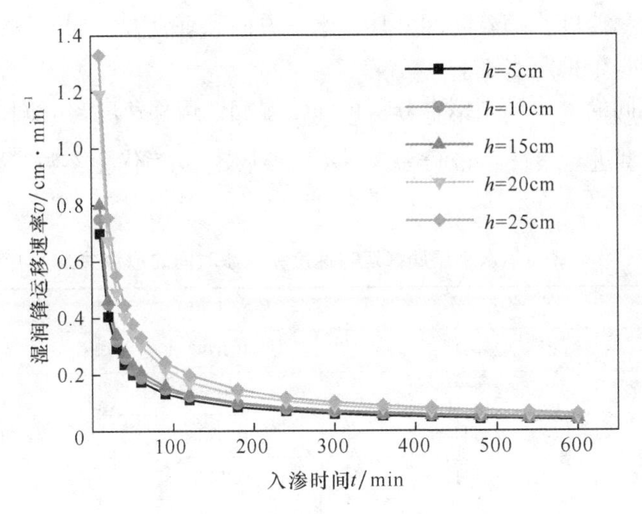

图 3-7 水平方向湿润锋运移速度

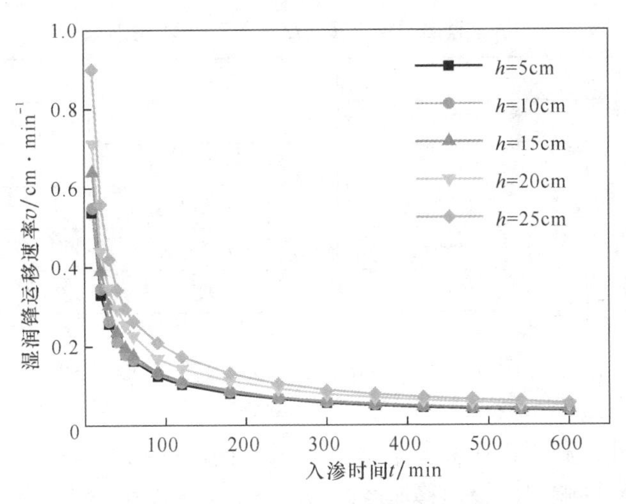

图 3-8 垂直方向湿润锋运移速度

可以看出，湿润锋运移速度是一条随时间逐渐减小的关系曲线。水头高度对湿润锋运移的速度有一定影响，水头高度越大，湿润锋运移速度越大。在注液伊始，湿润锋运移速度迅速达到最大值，在 $t=10$min 时，水平方向的湿润锋运移速度在 0.7～1.3cm/min 之间，垂直方向的湿润锋运移速度在 0.5～0.9cm/min 之间；在入渗初期即在注液开始 100min 内，湿润锋运移速度急剧下降，$t=100$min 运移速度大约是 $t=10$min 运移速度的 1/5；随着入渗时间增加，湿润锋运移速度缓慢下降，然后趋于一个稳定值，在 $t=600$min 时，水平方向湿润锋运移速度稳定在 0.04～0.06cm/min，垂直方向湿润锋运移速度稳定在 0.03～0.05cm/min。从二维入渗角度分析，在注液入渗前期，水平方向的湿润锋运移速度大于垂直方向的湿润锋运移速度，随着时间推移，水平方向和垂直方向的湿润锋运移速度相差不大，趋于一个稳定水平。

通过用不同的入渗模型拟合分析可知，湿润锋运移速度与时间的变化规律可以用 Philip 模型进行表征：$v(t)=ct^{-\frac{1}{2}}+d$，参数 c、d 为优化参数，拟合结果见表 3-8 和表 3-9。

表 3-8　水平湿润锋运移速度和入渗时间的拟合关系

入渗水头	c	d	R^2
$h=5$	2.2314	-0.0792	0.9677
$h=10$	2.4072	-0.0821	0.9720
$h=15$	2.5444	-0.0868	0.9704
$h=20$	3.8412	-0.1480	0.9711
$h=25$	4.2860	-0.1652	0.9699

表 3-9　垂直湿润锋运移速度和入渗时间的拟合关系

入渗水头	c	d	R^2
$h=5$	1.7513	-0.0493	0.9883
$h=10$	1.7847	-0.0480	0.9890
$h=15$	2.0803	-0.0661	0.9815
$h=20$	2.3099	-0.0588	0.9924
$h=25$	2.9344	-0.0871	0.9874

可以看出，水平方向拟合结果的决定系数 R^2 在 0.9677～0.9720 之间，垂直方向拟合结果的决定系数 R^2 在 0.9815～0.9924 之间，试验数据和模型拟合结果有很好的相关性，利用该函数能够有效表征不同时间的湿润锋速度。参数 c、d 的变化规律直接影响湿润锋运移速度的大小，参数 c 大小与水头高度这个主要影响因素有关，随着注液水头的增加，参数 c 逐渐增大，渗流速度随之增加，同一水头高度下，水平方向的参数 c 值较垂直方向更大。参数 d 相对稳定在一个水平，水平方向的参数 d 值在-0.1 上下波动，垂直方向的参数 d 值在-0.06 上下波动。

3.3　计算模型

3.3.1　湿润体半径

单井注液的湿润体形状主要受土的质地和容重、水头高度、注液强度、注液时间和初始含水率等诸多因素的影响。通过以上试验分析和数学验证可知，离子型稀土单井注液的影响范围是一个椭球体。

理论模型的基本假设：

（1）注液井在椭球的中心，且初始时刻（$t=0$）供水源半径等于注液井半径；

（2）注液过程中，湿润体内部是饱和区，土中含水率为饱和含水率，渗透系数为饱和渗透系数，未湿润部分为干燥区，土中含水率为初始含水率；

（3）土中毛管势忽略不计；

（4）水分运动和湿润锋运移是从椭球中心沿着径向往周围进行扩散。在湿润锋上取楔形微元 du，如图 3-9 所示，则有：

$$\mathrm{d}u = 2\pi R\cos\theta(R\mathrm{d}\theta) = (2\pi\cos\theta\mathrm{d}\theta)R^2 \tag{3-8}$$

式中，du 表示微元，量纲 L^2；R 为湿润锋到椭球中心的径向距离，量纲 L；θ 为水平面与微元体的夹角，无量纲。

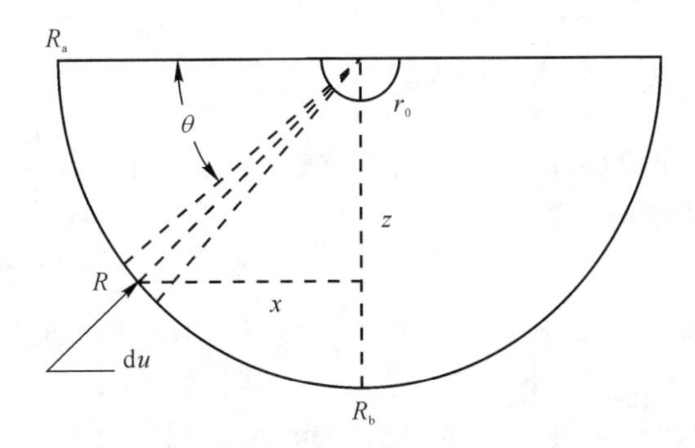

图 3-9　湿润体特征参数分析图

由式（3-8）可知，所取微元 du 是湿润锋到椭球中心的径向距离平方 R^2 的比例项，由质量守恒定理可知，通过微元 du 的水流通量与微元面积（湿润锋到椭球中心的径向距离平方的比例项）成反比。即

$$i = \frac{N}{r^2} \tag{3-9}$$

式中，i 为入渗率（水流通量），量纲 L/T；N 为比例系数，L^3/T；r 表示微元上任意点到椭球中心的径向距离，量纲 L。

根据达西定律和 Green-Ampt 模型，水流通量可以表示为：

$$i = -K\frac{\mathrm{d}h}{\mathrm{d}r} \tag{3-10}$$

式中，K 为饱和渗透系数，量纲 L/T；h 为总水头，量纲 L。

联立式（3-9）和式（3-10），可得：

$$i = \frac{N}{r^2} = -K\frac{\mathrm{d}h}{\mathrm{d}r} \tag{3-11}$$

整理后，得：

$$Nr^{-2}\mathrm{d}r = -K\mathrm{d}h \tag{3-12}$$

两边积分，得：

$$\int_{r_0}^{R} Nr^{-2}\mathrm{d}r = \int_{0}^{-(H+R\sin\theta)} -K\mathrm{d}h \tag{3-13}$$

式中，r_0 为注液井半径，量纲 L；H 为水头高度，量纲 L。

求解方程式（3-13），得：

$$N = \frac{K(H + R\sin\theta)}{r_0^{-1} - R^{-1}} \tag{3-14}$$

把式（3-14）代入式（3-9），可得：

$$i = \frac{Kr_0R(H + R\sin\theta)}{r^2(R - r_0)} \tag{3-15}$$

当 $r=R$ 时，湿润锋边界处的水流通量为：

$$i_{\mathrm{R}} = \frac{Kr_0(H + R\sin\theta)}{R(R - r_0)} \tag{3-16}$$

由水量平衡原理和 Green-Ampt 入渗模型可知，t 时间内累计入渗量 I 和湿润锋推进距离 R 之间的关系为：

$$I = (\theta_{\mathrm{s}} - \theta_{\mathrm{i}}) \times R \tag{3-17}$$

式中，I 为累计入渗量，量纲 L^3；θ_{i} 为土体初始含水率，无量纲；θ_{s} 为土体饱和含水率，无量纲。

入渗率为该时间内累计入渗量对时间求导，累计入渗量可以用式（3-17）表示，由此可得到入渗率表达式如下：

$$i = \frac{\mathrm{d}I}{\mathrm{d}t} = (\theta_{\mathrm{s}} - \theta_{\mathrm{i}}) \times \frac{\mathrm{d}R}{\mathrm{d}t} \tag{3-18}$$

式（3-18）表明，任意时刻的入渗率等于土体湿润前后含水率变化值与湿润锋推进速度的乘积。因此通过试验记录土体湿润锋运移过程就可以计算得到入渗性能曲线。

由式（3-16）和式（3-18），得：

$$i_{\mathrm{R}} = (\theta_{\mathrm{s}} - \theta_{\mathrm{i}}) \times \frac{\mathrm{d}R}{\mathrm{d}t} = \frac{Kr_0(H + R\sin\theta)}{R(R - r_0)} \tag{3-19}$$

通过整理式（3-19），可得：

$$\frac{R(R - r_0)}{H + R\sin\theta}\mathrm{d}R = \frac{Kr_0}{\theta_{\mathrm{s}} - \theta_{\mathrm{i}}}\mathrm{d}t \tag{3-20}$$

对式（3-20）进行积分，得：

$$\int_{r_0}^{R} \frac{R(R - r_0)}{H + R\sin\theta}\mathrm{d}R = \int_{0}^{t} \frac{Kr_0}{\theta_{\mathrm{s}} - \theta_{\mathrm{i}}}\mathrm{d}t \tag{3-21}$$

求解方程式（3-21），得：

$$\frac{1}{2}(R^2 - r_0^2) - \left(r_0 + \frac{H}{\sin\theta}\right)(R - r_0) + \frac{H}{\sin\theta}\left(r_0 + \frac{H}{\sin\theta}\right)\ln\left(\frac{R\sin\theta + H}{r_0\sin\theta + H}\right) = Kr_0\frac{\sin\theta}{\theta_s - \theta_i}t \tag{3-22}$$

当 $\sin\theta = 0$ 时，R 为湿润体水平方向最大湿润距离，用 R_a 表示，由式（3-20）得：

$$\frac{R_a(R_a - r_0)}{H}dR_a = \frac{Kr_0}{\theta_s - \theta_i}dt \tag{3-23}$$

对上式积分，可得：

$$\frac{1}{3}(R_a^3 - r_0^3) - \frac{1}{2}r_0(R_a^2 - r_0^2) = \frac{KHr_0}{\theta_s - \theta_i}t \tag{3-24}$$

当 $\sin\theta = 1$ 时，R 为湿润体垂直方向最大湿润深度，用 R_b 表示，可得：

$$\frac{1}{2}(R_b^2 - r_0^2) - (r_0 + H)(R_b - r_0) + H(r_0 + H)\ln\left(\frac{R_b + H}{r_0 + H}\right) = \frac{Kr_0}{\theta_s - \theta_i}t \tag{3-25}$$

由式（3-24）和式（3-25）可以得到时间 t 与水平方向湿润距离、垂直方向湿润距离之间的关系。若已知注液井半径、注液水头高度、初始含水率、饱和含水率、饱和渗透系数等参数，则可得到二维湿润锋距离 R 与时间 t 的关系曲线，如图 3-10 所示。曲线的斜率表示了湿润锋运移速率大小，曲线的斜率在入渗初期比较大，随后趋于平缓，由此可以看出湿润锋运移速率的变化趋势。分析认为，在入渗过程中，注液初期湿润区域较小，渗透阻力小，随着湿润体体积越来越大，湿润锋周围的渗透阻力逐渐增大，且小于该方向的基质吸力增量，故在入渗后期湿润锋运移速率逐渐减小并趋于稳定。

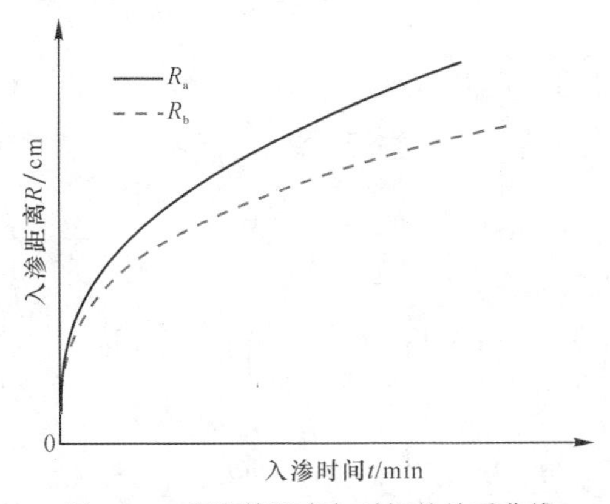

图 3-10　湿润锋距离与时间的关系曲线

代入注液井半径、注液水头高度、初始含水率、饱和含水率等参数，利用

matlab 软件编程可以得到湿润锋距离的模型理论值。水平方向湿润锋距离的理论计算值与实测值关系曲线如图 3-11 所示，可以看出，当用直线方程拟合不同入渗水头的湿润锋距离理论值与试验值曲线时，直线斜率为 0.9906，决定系数 $R^2=0.9660$，斜率非常接近 1，说明理论值与试验值二者基本相等，该计算模型有很好的适用性。当实验室测得 R，t 时，此公式也可以反演渗透系数，作为渗透系数计算与验证的一种方法。

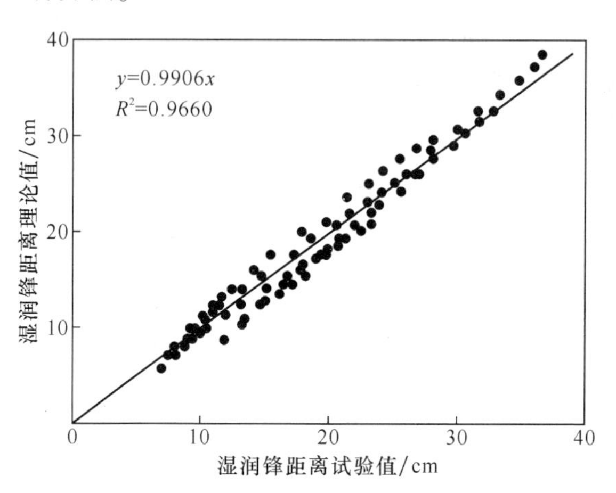

图 3-11　水平方向湿润锋理论值与实测值

3.3.2　湿润体体积

体积是湿润体另一个特征参数，图 3-9 中所取楔形微元体的体积可以由棱柱体公式求得，即

$$\mathrm{d}V = \frac{R}{3}\mathrm{d}a = \frac{R}{3}2\pi R^2\cos\theta\mathrm{d}\theta \tag{3-26}$$

对式（3-26）积分，可以得到：

$$V = \frac{2\pi}{3}\int_0^{\pi} R^3\cos\theta\mathrm{d}\theta \tag{3-27}$$

为了减少式（3-26）中变量的数量，先对式（3-22）进行无量纲化处理，两边除以 r_0^2 可得：

$$\frac{1}{2}\left(\frac{R^2}{r_0^2} - 1\right) - \left(1 - \frac{H}{r_0}\frac{1}{\sin\theta}\right)\left(\frac{R}{r_0} - 1\right) + \frac{H}{r_0}\frac{1}{\sin\theta}$$

$$\left(1 + \frac{H}{r_0}\frac{1}{\sin\theta}\right)\ln\left(\frac{\dfrac{R}{r_0} + \dfrac{H}{r_0}\dfrac{1}{\sin\theta}}{1 + \dfrac{H}{r_0}\dfrac{1}{\sin\theta}}\right) = \frac{\sin\theta}{r_0(\theta_s - \theta_i)}Kt \tag{3-28}$$

由式（3-28）可以看出，R/r_0 是 H/r_0、θ 和 $Kt/r_0(\theta_s-\theta_i)$ 的函数：

$$\frac{R}{r_0} = fR\left[\frac{H}{r_0},\ \theta,\ \frac{Kt}{r_0(\theta_s - \theta_i)}\right] \tag{3-29}$$

fR 是一个关于 R 的隐函数，把式（3-29）代入式（3-27），进行无量纲处理，可得到：

$$\frac{V}{r_0^3} = \frac{2}{3}\pi\int_0^{\pi}\left\{fR\left[\frac{H}{r_0},\ \theta,\ \frac{Kt}{r_0(\theta_s - \theta_i)}\right]\right\}^3 \cos\theta \mathrm{d}\theta \tag{3-30}$$

因为 θ 是该积分的一个虚拟变量（哑变量），故式（3-30）可以表示为：

$$\frac{V}{r_0^3} = gV\left[\frac{H}{r_0},\ \frac{Kt}{r_0(\theta_s - \theta_i)}\right] \tag{3-31}$$

式（3-31）中，gV 是一个关于 V 的隐函数，函数中的三维变量被用来计算 V 和 t 之间的几何关系。因为该函数是一个以时间为变量的隐函数，不便于在实际中应用与计算，可以运用数值反演的方法把体积 V 和时间 t 的关系用图形呈现出来[155]，如图 3-12 所示。

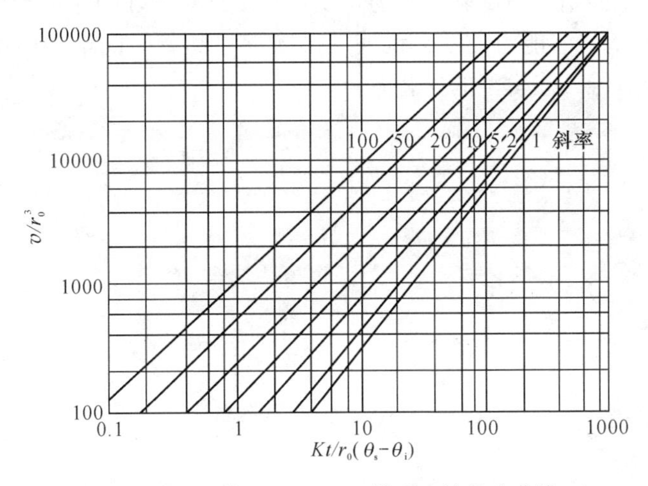

图 3-12 三维 Green-Ampt 模型入渗能力曲线

由三维 Green-Ampt 模型入渗能力曲线可以看出，当入渗时间较长的情况下，即当 $Kt/r_0(\theta_s-\theta_i)>10$，直线的斜率均大于 1，说明入渗率随着时间的增加而增加，也是三维入渗模型与一维模型最显著的差异。分析可知，在供水充足的入渗过程中，随着湿润锋推移，湿润体的体积增量对入渗率的影响比水力梯度减少量对入渗率的影响更大。

本章小结

（1）由恒定水头条件下稀土二维入渗试验可知，湿润体形状近似为半椭球体，在注液初期，水平方向入渗距离大于垂直方向入渗距离，随着入渗时间的推移，垂向湿润锋距离逐渐接近水平湿润锋距离，湿润体形状由半椭球体向半球体发展。

（2）湿润体体积和累计入渗量之间存在显著的线性关系，说明土体湿润体内平均含水率增量基本上保持为一定值。

（3）在恒定水头条件下，湿润锋的水平距离和垂直距离与时间呈现良好的幂函数关系 $y(t)=at^b$，参数 a、b 为拟合参数，其中 a 与水头高度正相关。在不同水头条件下，水头压力越大，入渗距离越大，在同一时刻，水平方向的入渗距离大于垂直方向的入渗距离。

（4）湿润锋速度与时间关系可以用 Philip 模型进行表征：$v(t)=ct^{-\frac{1}{2}}+d$，参数 c、d 为优化参数，水头高度越大，湿润锋运移速度越大。在注液伊始，湿润锋运移速度迅速达到最大值，然后湿润锋运移速度急剧下降，随着入渗时间增加，湿润锋运移速度缓慢下降，然后趋于一个稳定水平。

（5）基于 Green-Ampt 模型和水量平衡原理，建立了入渗过程中湿润体特征值计算模型，模型结果与试验结果吻合度较高，具有较好的应用价值。根据三维 Green-Ampt 模型入渗能力曲线，说明三维入渗率随着时间增加而增加，这是三维入渗模型与一维入渗模型的显著差异。

4 不同粒径及级配的离子型稀土入渗规律及计算模型

由于离子型稀土矿分布广泛，各矿区之间黏土的基本物理性质有差别，土体的渗透性也各不相同。对流体渗透能力影响较大的因素有粒径大小、级配分布和分选磨圆情况。粒径及颗粒级配不同会改变土中孔隙结构，影响土中水分运动的路径，限制或加速水分的入渗过程，从而影响土体的渗透特性[156]。关于粒径及颗粒级配对土中水分运移的影响，国内外学者已进行了许多研究工作。根据离子型稀土原地浸矿的工程实际，不同矿区之间黏土矿物的粒径及颗粒级配相差较大，在溶浸过程中，还可能发生土颗粒的团聚和崩解、微颗粒的运移等，粒径大小和颗粒级配将发生变化。因此，研究不同粒径及颗粒级配对离子型稀土入渗范围和渗流速度的影响规律，对于计算原地浸矿时的注液强度非常关键，其结果有助于预测和适时调控浸矿过程，对提高稀土资源浸取率具有重要意义。

随着高分辨率数字图形采集设备和计算机分析处理图像技术的高速发展[157,158]，借助数字图像处理技术（Digital Image Processing）进行岩土工程领域的科学问题研究已经日趋成熟[159,160]。该技术方法是通过数码照相、CT 扫描、核磁共振成像（NMRI）、扫描电子显微镜（SEM）等技术将研究物体用相对应的数字图像来表征，再利用计算机对图像进行识别、去噪、增强、复原、分割、提取和变换等处理[161]。在岩土测试过程中，数字图像能够实时、准确地记录研究对象的数字化信息，包括几何特征、空间位移、微观结构、物质形貌等。应用数字图像进行分析，结果更加直观与准确，可以做到定性分析与定量分析相结合，以及瞬时分析与全过程分析相结合。数字图像技术在工程研究中应用越来越广泛，但是通过该方法分析岩土体渗流规律的研究还不是很多。

本章是在第 2 章的基础上，选取不同粒径及颗粒级配的稀土试样作为研究对象，基于数字图像技术进行二维入渗试验数据采集，通过计算机将数字图像进行处理和分析，探究不同粒径及颗粒级配对离子型稀土湿润体形状、湿润锋二维运移距离、入渗速率和平均入渗率的影响规律，推求了湿润锋距离、入渗速率的计算公式[162]，以期为离子型稀土原地溶浸过程中注液井网参数设计提供理论依据，提高稀土资源浸取率。

4.1 理论关系

根据达西定理，假设液体在土体中流动方向为 S，取流线方向的微分单元体进行分析，如图 4-1 所示，单元体的长为 ds，单元体的截面积为 dA。假设水流的惯性力可以忽略不计，则作用在单元体上的力有 3 种：两端的孔隙水压力 $pn\mathrm{d}A - (p + \mathrm{d}p)n\mathrm{d}A$，孔隙水流的自重 $\gamma n\mathrm{d}s\mathrm{d}A\sin\theta$，以及土颗粒的摩擦阻力 F。

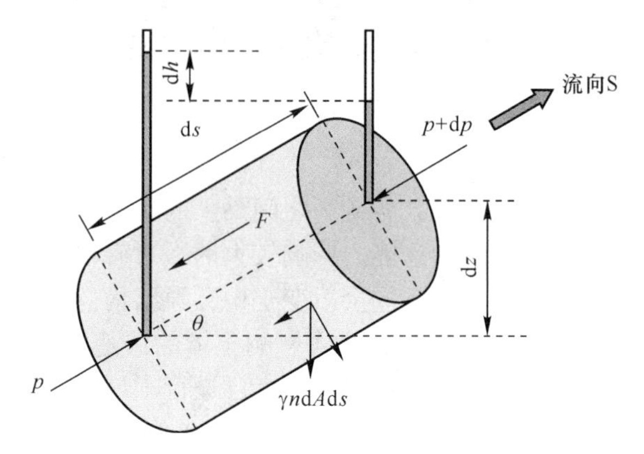

图 4-1　沿流线方向的微分单元体

沿土柱渗流方向的 3 力平衡式为：

$$pn\mathrm{d}A - (p + \mathrm{d}p)n\mathrm{d}A - \gamma n\mathrm{d}s\mathrm{d}A\sin\theta - F = 0 \tag{4-1}$$

式中，p 为孔隙水压力；dp 为孔隙水压力增量；n 为土体空隙度；γ 为水的容重；θ 为流线方向与水平方向的夹角。

根据几何关系可知：

$$\sin\theta = \frac{\mathrm{d}z}{\mathrm{d}s} \tag{4-2}$$

多孔介质中的水流在能量差的作用下，从能量高的位置向能量低的位置运动，水流能量的常用表示形式是水头，即

$$h = z + \frac{p}{\gamma} \tag{4-3}$$

对式（4-3）积分，得：

$$\mathrm{d}p = \gamma(\mathrm{d}h - \mathrm{d}z) \tag{4-4}$$

将式（4-2）、式（4-4）代入式（4-1），则得：

$$n\gamma\mathrm{d}A\mathrm{d}h + F = 0 \tag{4-5}$$

根据 Stokes 定律，对于一个球形颗粒在层流中克服的阻力为：

$$F' = 6\pi\mu ur \tag{4-6}$$

式中，μ 为水的动力黏度；u 为颗粒周围沿流向的局部实际速度；r 为圆颗粒半径。

设土柱中有 N 个颗粒，并引用一个球体系数 β（圆球时 $\beta = \pi/6$），则总阻力为：

$$F = NF' = \frac{(1-n)\mathrm{d}A\mathrm{d}s}{\beta D^3} 6\pi\mu ur \tag{4-7}$$

式中，D 为圆颗粒直径，即 $D=2r$。

考虑截面上平均渗流速度与单个颗粒周围沿流向的局部实际速度关系为：

$$v = nu \tag{4-8}$$

式中，v 为渗流速度。

联立式（4-5）、式（4-7）、式（4-8），可得：

$$v = -\frac{n^2}{18(1-n)} D^2 \frac{\gamma}{\mu} \frac{\mathrm{d}h}{\mathrm{d}s} \tag{4-9}$$

由于水力梯度为：

$$J = -\frac{\mathrm{d}h}{\mathrm{d}s} \tag{4-10}$$

将式（4-10）代入式（4-9），得：

$$v = \frac{n^2}{18(1-n)} D^2 \frac{\gamma}{\mu} J \tag{4-11}$$

令 $C = \frac{n^2}{18(1-n)}$，C 是形状因子，与多孔介质的空隙度、颗粒形状和排列方式有关，则渗流速度可以表示为：

$$v = CD^2 \frac{\gamma}{\mu} J \tag{4-12}$$

根据 Darcy 定律，渗流速度与水力梯度关系为：

$$v = kJ \tag{4-13}$$

式中，k 为渗透系数。

由式（4-12）和式（4-13）可以得出渗透系数与介质和流体性质的关系为：

$$k = CD^2 \frac{\gamma}{\mu} \tag{4-14}$$

分析可知，渗透系数取决于两个方面：一是多孔介质的自身特性（CD^2）；二是流体的自身特性（γ/μ）。因此，对于离子型稀土原地浸矿过程，在渗流的浸矿溶液固定的情况下（即流体的特性相同），土体的形状因子 C 和计算粒径 D^2 是控制渗流的决定因素。由于土体是由无数个不同粒径的土颗粒组成，假设土颗粒的形状为圆球体，形状因子 C 影响较小，故粒径大小及颗粒级配组成对于土体的渗流作用至关重要，不同粒径和级配情况下土颗粒等效的计算粒径是预测渗透系数的关键所在。

4.2 试验装置与试验方法

4.2.1 数字图像采集试验装置

为了研究离子型稀土的二维渗流特性，在第 3 章的基础上，设计了一套可视化的二维渗流装置，整个试验系统由二维渗流装置和数字图像采集装置组成，如图 4-2 所示。其中二维渗流装置由供水瓶、土箱、注液管、溢流管、收液管等组成，土箱采用夹角为 30°扇柱体玻璃箱，垂直高度和水平长度均为 50cm，箱外壁沿着垂直和水平方向分别贴有刻度，注液管半径为 1cm，详见第 2 章的介绍；数字图像采集装置由 Canon EOS 80D 数码照相机和计算机组成。

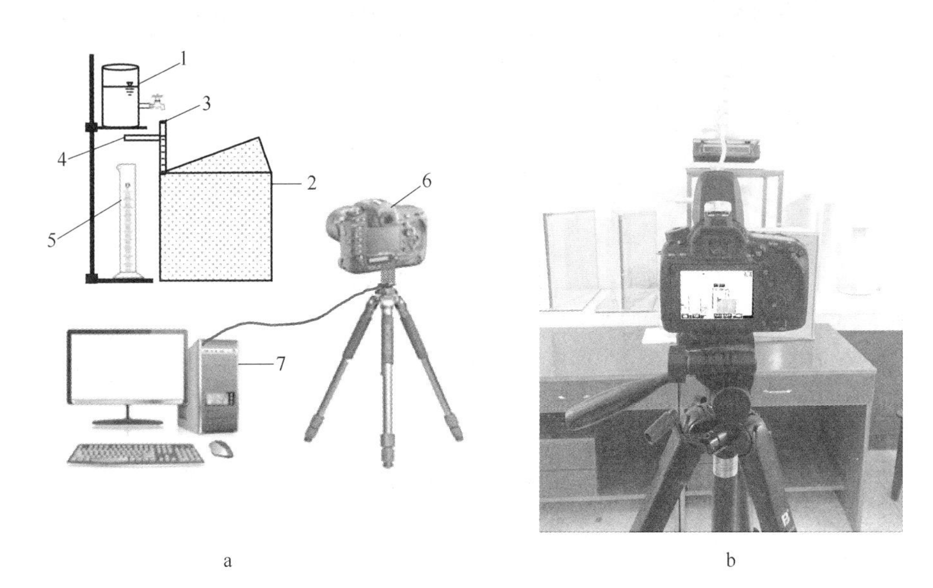

a　　　　b

图 4-2　二维入渗试验装置

a—试验装置示意图；b—试验装置实物图

1—供水瓶；2—土箱；3—注液管；4—溢流管；5—收液管；6—数码照相机；7—电脑

4.2.2　试验材料

试验土样取自江西省赣州市龙南县的足洞稀土矿区，试验前对其进行基本物理参数测试，得到土样密度、天然含水率、密度、孔隙比、液塑限、塑性指数结果如表 4-1 所示，属于黏质粉土。将土样烘干，捣碎，过筛，通过筛分法测得 0.075 ~ 10mm 间颗粒含量为 82.86%，粒径小于 0.075mm 的颗粒含量为 17.14%。因土的标准分析筛最小筛孔为 0.075mm，只适用于分析粒径大于 0.075mm 的土的颗粒分布情况，故通过 BT-2002 型激光粒度分布仪对粒径小于 0.075mm 的颗粒分布情况进行测试，然后对筛分法和激光粒度仪测试的粒径分布结果进行综合分析，获得供试土样的颗粒级配情况如表 4-2 所示。采用半对数坐标表示，横坐标为粒径，纵坐标为小于某粒径的土体质量分数，得到颗粒级配曲线如图 4-3 所示。

表 4-1 土样的基本物理参数

密度 ρ/g · cm^{-3}	天然含水率 θ/%	密度 d_s/g · cm^{-3}	孔隙比 e	液限 w_L/%	塑限 w_P/%	塑性指数 I_p
1.56	16.26	2.68	0.88	39.56	30.27	9.29

表 4-2 土样的颗粒级配分布

土样中小于某粒径的含量/%										
<10mm	<5mm	<2mm	<1mm	<0.5mm	<0.25mm	<0.075mm	<0.05mm	<0.01mm	<0.005mm	<0.001mm
100	91.05	66.21	57.71	46.65	35.55	17.14	14.32	3.71	1.92	0.05

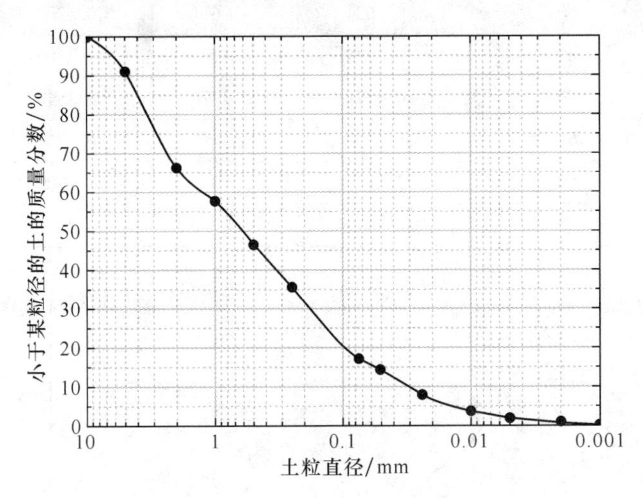

图 4-3 土样的颗粒级配曲线

4.2.3 试验方案

试验土样在粒径含量固定的条件下，级配并不唯一，存在着若干自由度，即固定一个点可画出多条颗粒级配曲线。考虑粒径大小和颗粒级配两个因素，由于粒径与级配组合的数目非常巨大，每个因素的变化范围较大，无法常规展开如此多组的试验，故若采用正交试验法则需要做非常多组试验。对于这一类试验研究，均匀设计法是一种可行的研究方法。均匀设计法是中国科学院数学所提出的一套试验设计方法，该方法在研究多孔介质的孔隙结构分析与渗流规律具有显著的效果[163]。

在试验土样粒径范围的比例相对固定时，颗粒级配是导致孔隙结构差异的主要原因，不同粒径范围和级配对土体渗流特性将产生不同影响。本章研究采用了均匀设计法来设计和确定试验方案。试验设计了原状重塑土及 7 种不同粒径大小和颗粒级配的重塑土样，S1 为原状重塑土，S2 ~ S8 分别设定为粒径小于 1mm 的含量100%、90%、80%、70%、60%、50%和40%的重塑土样，颗粒级配以限制粒径 d_{60} 为主要区分标志，同时考虑平均粒径 d_{50}、中值粒径 d_{30} 和有效粒径 d_{10}，详见表4-3，原状重塑土S1的粒径及颗粒级配介于S6～S7之间，颗粒级配曲线如图4-4所示。

表4-3　不同粒径和颗粒级配的土样设计

土样	<1mm 粒径含量	d_{60}	d_{50}	d_{30}	d_{10}
S1	57.71	1.2211	0.6220	0.1726	0.0307
S2	100	0.3064	0.2264	0.1221	0.0300
S3	90	0.3654	0.2611	0.1399	0.0303
S4	80	0.4435	0.3000	0.1306	0.0309
S5	70	0.6171	0.3978	0.1548	0.0312
S6	60	1.0000	0.5481	0.1741	0.0359
S7	50	2.1122	1.0000	0.2700	0.0558
S8	40	2.4990	1.8710	0.4357	0.0765

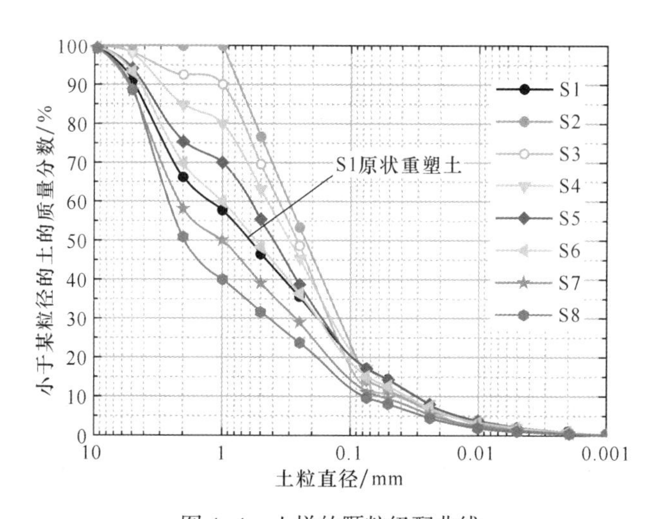

图4-4　土样的颗粒级配曲线

根据土粒的级配指标确定土样的不均匀系数和曲率系数。土的不均匀系数用 C_u 表示：

$$C_u = \frac{d_{60}}{d_{10}} \tag{4-15}$$

曲率系数用 C_c 表示：

$$C_c = \frac{d_{30}^2}{d_{10} \times d_{60}} \tag{4-16}$$

不均匀系数反映不同粒径的土颗粒分布情况，不均匀系数越大，土的粒径分布范围越大，其颗粒级配越好。土样 S1 ~ S8 的不均匀系数如图 4-5 所示，原状土 S1 的不均匀系数为 39.8，其粒径大小分布范围大，故本试验设计的其他对比土样为非匀粒土，其不均匀系数均大于 5。曲率系数 C_c 刻画了颗粒级配曲线的分布范围，反映颗粒级配曲线的整体形状，曲率系数如图 4-6 所示。

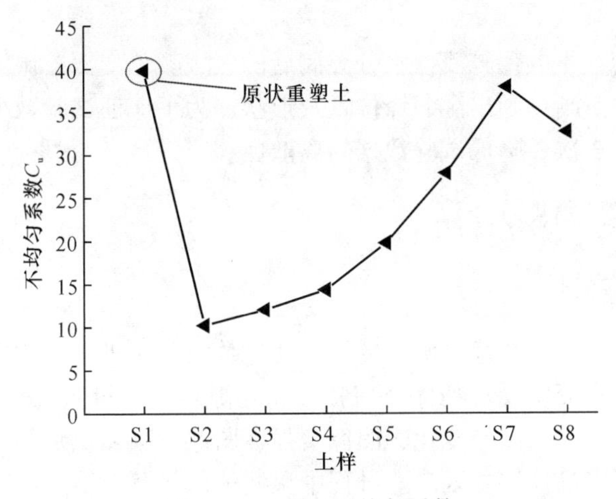

图 4-5　土样的不均匀系数

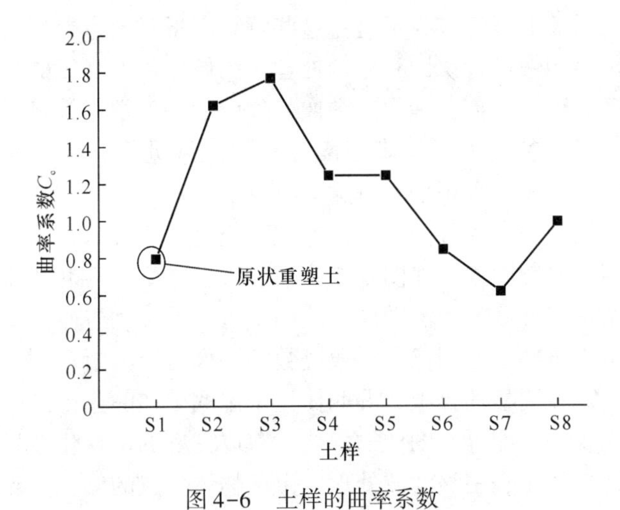

图 4-6　土样的曲率系数

本试验主要过程如下：

首先，将供试土样烘干，把不同粒径和颗粒级配设计的土样分层装入土箱内，每层 5cm，振捣均匀，将捣实后的层面打毛再装入下一层，防止土体垂直分层，入渗水头高度设置为 10cm，每组试验保持同样的水头高度不变。

其次，调整照相机三角架，使水平仪气泡居中以保持设备水平，让数码照相机镜头对准土箱侧边正方形平面，从而准确记录二维入渗距离，在地面标记三角架的摆设位置，保持每次试验位置一致，防止三角架移动造成的试验记录误差。

最后，打开供水瓶开关，入渗开始后，开启照相机自动拍照程序进行数字图像的采集，设定自动拍照间隔时间，入渗前期 3h 每 10min 一次，3h 之后每 30min 一次，用计算机进行计时并存储数字图像，每组试验的总入渗时间设置为 12h。

由于供试的干土颜色较浅，水分湿润后的区域颜色变深，湿润前锋明显，可以从数字图像中清晰刻画出湿润锋位置及形状，为了保证试验数据的准确性，每个入渗重复试验 3 次，降低试验数据的离散性。

4.3　二维入渗规律与计算

4.3.1　数字图像处理

随着计算机技术和图像技术的发展，通过数码照相机可以方便快捷获取物体的数字化信息，进而实现对物体几何特征、孔隙结构、材质属性等参数的量测。数字图像处理方法包括图像变化、图像增强、图像分割和识别等。通过数字图像技术，可以清晰准确地记录入渗全过程中湿润体形状及二维入渗距离的大小。在提取出原始的数字图像后，由于图像中不仅含有试验土箱的入渗图像，还包含了一些与研究对象无关的背景，为了避免这些背景因素对图像处理的影响，首先需要对采集到的数字图像进行识别和分割处理。图像分割处理目的是将图像中的目标区域和背景区域进行分离，是数字图像处理中的一项常用技术。在对本章数字图像的研究中，只对特定的土体表层部分图像区域进行分析，这些部分称为目标，其余无关的背景需要被识别和删除。

本试验通过图像识别和分割进行预处理，通过处理后从原始图像中选择一个区域，生成一新的研究图像。如图 4-7 所示，左侧为数码照相机采集到的原始图像，右侧为图像预处理后的入渗图像。从图中可以看出，将原始图像进行图像分割后，就只剩下土体部分的图像了，通过数字图像可以清晰观测到入渗和未入渗的土体部分之间存在明显的界限，湿润体比未湿润土体颜色更深。

为了消除光源和色度等对图像的影响，获取良好的可视化效果，通常还需要对数字图像进行二值化和去噪滤波处理。由于物体各点的颜色和亮度有差别，对应的色彩值和灰度值也不同，如把黑白图片从白色到黑色之间按对数关系分成若干级，称为“灰度等级”，范围一般在 0～255 间，白色为 255，黑色为 0，彩色图片通常选用 RGB 色彩模型，RGB 代表红、绿、蓝三个通道的颜色，三色的强度值在 0～255 间。通过双峰法选取适当的阈值，把入渗和未入渗的土体颜色进行二值化图像处理，用 Photoshop 软件对图像进行二值化和中值滤波处理后的图片如图 4-8 所示。

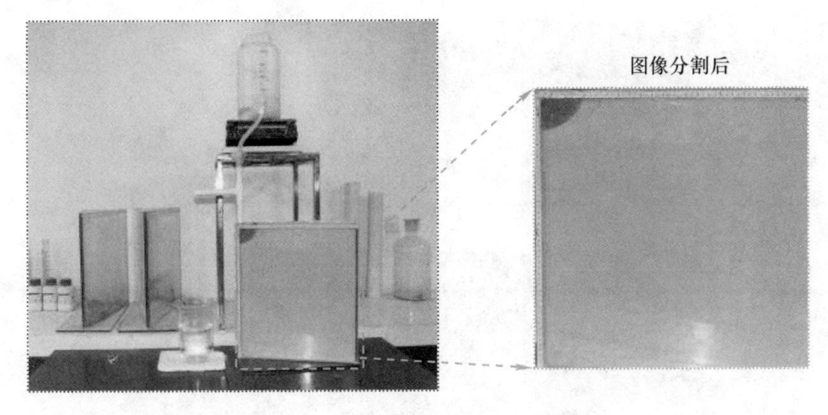

图 4-7 图像识别与数据分割

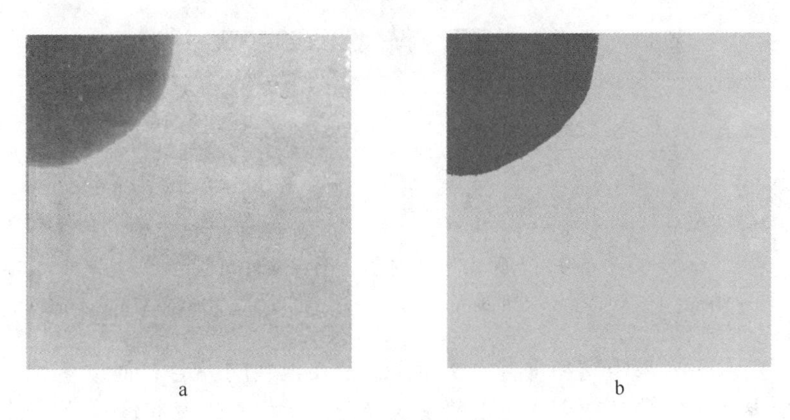

图 4-8 图像处理前后对比

a—处理前；b—处理后

4.3.2 湿润体形状

通过数字图像技术，可以清晰准确地记录入渗全过程中湿润体形状及其大小。由于试验组数较多，选取原状重塑土 S1 的数字图像进行说明，如图 4-9 所示。

可以看出，入渗土体和未入渗土体之间有一个明显的界限（即湿润锋），因为注液孔位于坐标原点，由对称性可以推测湿润体形状近似为一个椭球体。从图像学角度进一步验证了第 3 章的结论。由湿润体的图像变化可知，在注液入渗前期的 180min 内，水平方向的湿润距离明显大于垂直方向的湿润距离，二维湿润体形状呈椭圆形，随入渗时间的增加，在注液 360min 之后，垂直向下方向湿润距离逐渐增大，基本与水平方向距离一致，二维湿润体形状呈圆形，说明在入渗后期垂直向下方向的渗透速率比水平方向的渗透速率更大。分析认为，湿润锋在水平方向运移动力主要是基质吸力，但在垂直方向的运移动力除了基质吸力，还有重力以及水头压力，当入渗历时不断增加时，溶液的重力作用不断增大。湿润

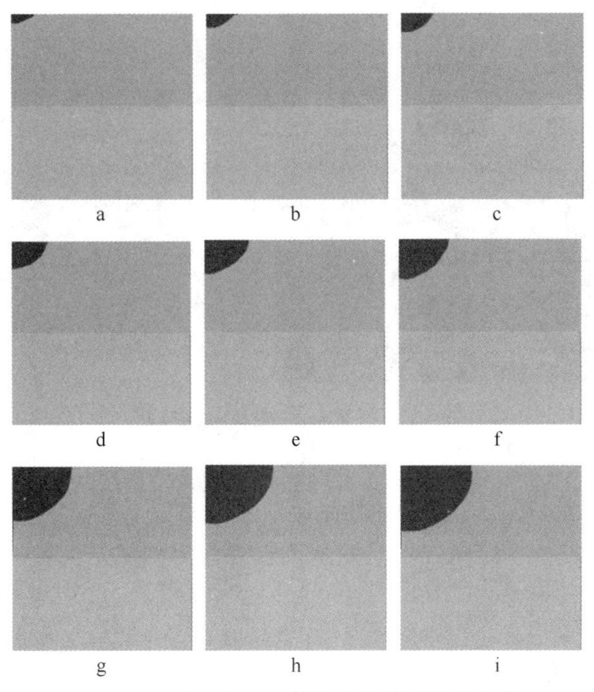

图 4-9　土样 S1 湿润体数字图像随时间变化

a—10min；b—20min；c—30min；d—60min；e—120min；f—180min；g—360min；h—480min；i—600min

体的大小由水平入渗距离和垂直入渗距离 2 个要素共同决定，而入渗距离又由水平渗透速率和垂直渗透速率 2 个重要参数确定。掌握二维湿润锋运移距离及渗透速率的变化规律，对于优化注液井网参数具有重要意义。

不同粒径大小及颗粒级配对湿润体大小形状具有较大影响，图 4-10 为土样 S1 ~

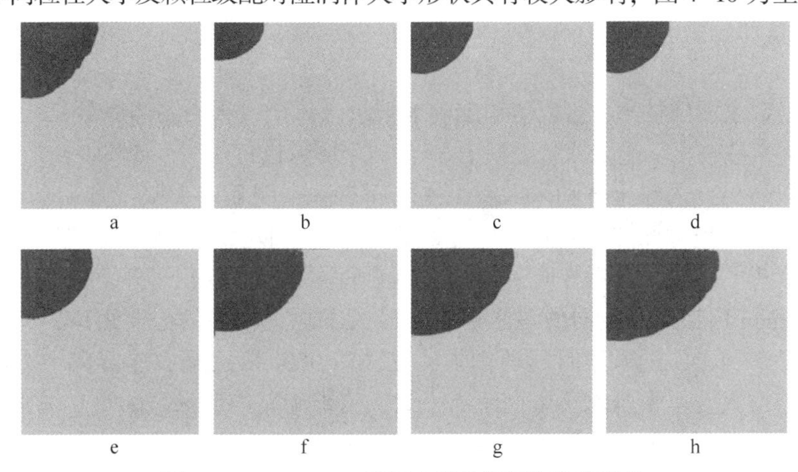

图 4-10　t=600min 不同土样的湿润体数字图像

a—S1；b—S2；c—S3；d—S4；e—S5；f—S6；g—S7；h—S8

S8 在同一入渗时刻（t=600min）的湿润体数字图像，S1 为原状重塑土，S2～S8 为粗颗粒含量依次增多的重塑土样，由此可以看出，所有土样在入渗过程中，其湿润体形状都是椭球体。在入渗时间相同情况下，随着大粒径含量增多，湿润体的形状随之增大，说明不同粒径的土颗粒含量对于土体的渗流速度有重要影响。

4.3.3 湿润锋距离

在入渗过程中，土中剖面从湿土-干土通常可以分为饱和区、过渡区、传导区、湿润区和未湿润区，湿润区和未湿润区的干湿交界处存在明显的湿润锋面。随着入渗过程的进行，湿润区不断增加，湿润锋距离不断增大。由于不同粒径及颗粒级配的土体入渗能力不同，从而导致不同土体入渗过程的湿润锋距离不同。研究不同土体入渗过程中湿润锋入渗距离与入渗时间关系，可以预测注液入渗过程中土体湿润区域的时空关系，是工程实践中确定注液井网参数的重要依据，有助于实际工程中适时调控离子型稀土浸矿过程。水平方向湿润锋入渗距离和垂直方向湿润锋入渗距离是湿润体二维入渗的两个重要特征值。根据数字图像采集到的图像数据可以准确获取各个时刻对应的湿润锋距离，由近似 Kostiakov 公式的幂函数表达式的入渗模型能够较准确地描述离子型稀土的入渗距离与时间关系，湿润锋距离与时间关系及其拟合曲线如图 4-11 所示。

由图可以看出，无论水平方向还是垂直方向，粒径对入渗距离都有显著影响。相同注液时间，随着细颗粒含量的增加，入渗距离逐渐减小，入渗曲线越平缓，说明太多的微小颗粒会阻塞水分通道，增加水分运移的阻力；随着粗颗粒含量的增加，入渗距离也随之增加，说明粗颗粒含量增加，颗粒间的孔隙通道增大，连通性增强，促进了水分在土中的运移。

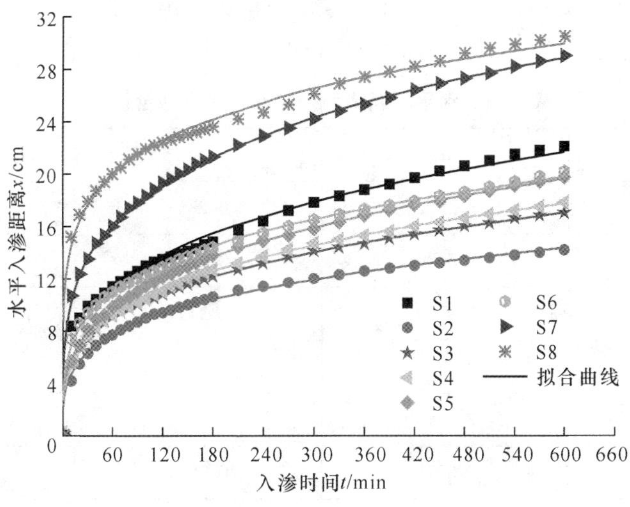

a

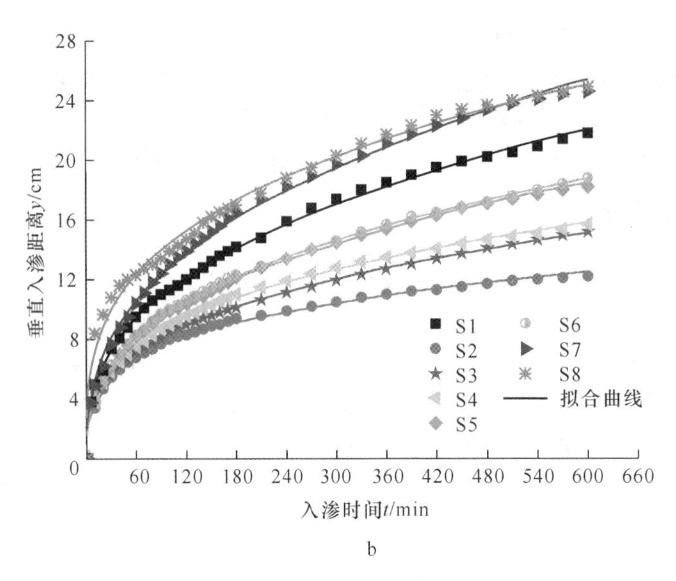

图 4-11　湿润锋距离与时间的关系

a—水平方向；b—垂直方向

湿润锋距离与时间的幂函数关系为：

$$H = at^b \tag{4-17}$$

式中　H——湿润锋距离，cm；

t——入渗时间，min；

a——经验入渗参数，其数值与第一个单位时间的入渗速度相等，在很大程度上反映了初始入渗能力的大小；

b——经验入渗指数，反映了土壤入渗能力增减程度。

水平方向和垂直方向拟合结果见表 4-4 和表 4-5。

表 4-4　水平湿润锋和入渗时间关系拟合结果

土样	a	b	R^2
S1	3.5822	0.2813	0.9866
S2	2.5889	0.2678	0.9960
S3	2.9130	0.2757	0.9995
S4	2.8823	0.2840	0.9993
S5	2.8546	0.3013	0.9995
S6	3.8391	0.2559	0.9970

续表 4-4

土样	a	b	R^2
S7	5.7605	0.2519	0.9995
S8	9.6173	0.1776	0.9899

表 4-5 垂向湿润锋和入渗时间关系拟合结果

土样	a	b	R^2
S1	2.0961	0.3677	0.9982
S2	2.3159	0.2638	0.9911
S3	1.8653	0.3270	0.9990
S4	2.0553	0.3193	0.9976
S5	1.8691	0.3583	0.9986
S6	1.8729	0.3605	0.9987
S7	2.2372	0.3797	0.9968
S8	3.5295	0.3063	0.9903

根据拟合结果可以看出拟合方程的 R^2 值在 0.9860 ~ 0.9995 之间，平均值为 0.9961，说明拟合效果好，拟合值非常接近实测值，利用该方程能够很好地刻画离子型稀土入渗过程的湿润锋运移距离与时间关系。由于 S1 是原状重塑土，粒径及颗粒级配接近于 S6，土样 S1 的拟合参数 a 也比较接近于 S6，土样 S2 ~ S8 中细颗粒含量逐渐减少，粗颗粒含量逐渐增加，在表 4-4 中，参数 a 随着粗颗粒含量逐渐增加而逐渐增大，反映了水平方向的初始入渗距离随着粗颗粒含量的增加而增大，参数 b 除了 S8 中的值比较小，只有 0.1776，其他土样的参数 b 在 0.2519 ~ 0.3013 之间，相对波动不大，说明入渗后期的渗流相对稳定，土体饱和后基质势减弱，饱和后的土体渗流路径的弯曲程度和孔隙作用对渗流的影响较小。在表 4-5 中，参数 a 随着粗颗粒含量逐渐增加呈现先减小后逐渐增大，反映了垂直方向的初始入渗距离除了受粒径大小及颗粒级配影响外，还受到其他因素影响，主要是因为在垂直方向除了基质势，土水势还包括了重力势和压力势的共同作用；参数 b 在 0.2638 ~ 0.3797 之间，相对波动不大，与水平方向相似。

4.3.4 湿润锋运移速率

图 4-12 为 S1 ~ S8 水平湿润锋运移速率与时间的关系图。由图可知，在注液

入渗的初始阶段，各个土样的湿润锋运移速率均较大，之后呈现快速下降的趋势，随着注液时间的增加，湿润锋运移速率变化较小，趋近于一个稳定数值，进入稳定入渗阶段。从注液入渗时间来看，各个土样在前 10min 湿润锋运移速率特别快，土样 S1 ~ S6 的前 10min 湿润锋运移速率在 0.42 ~ 0.84cm/min，土样 S7 的运移速率 1.07cm/min，土样 S8 的运移速率达 1.52cm/min，在 10 ~ 60min 期间湿润锋运移速率快速下降，运移速率降低到 0.02 ~ 0.05cm/min，在 60 ~ 120min 期间湿润锋运移速率平缓下降，在 120min 以后湿润锋运移速率趋于稳定，形成的稳渗流速约 0.01cm/min。从前期初始湿润锋运移速率的数值可以看出，其大小随着粗颗粒含量的增加而增加，分析原因是粗颗粒含量相对较大时，土体的密实度减小，孔隙通道相对较大，水分通过孔隙通道流动较快；随着注液时间的推移，入渗过程中发生了颗粒运移现象，出现小颗粒逐渐堵塞孔隙的现象，湿润锋运移速率逐渐下降，当上层湿润土体饱和，颗粒运移处在相对稳定期，在注液入渗 120min 后湿润锋运移速率不再发生大波动并稳定在一个水平。垂直湿润锋运移速率的变化规律基本与水平方向一致，不再赘述。

通过分析可知，Kostiakov 入渗模型可以很好地刻画本试验过程中运移速率与时间的关系，即：

$$v = Bt^{-n} \tag{4-18}$$

式中 v——湿润锋运移速率，cm/min；

t——入渗时间，min；

B，n——经验参数。

在水平方向湿润锋运移速度的 8 个拟合方程中，决定系数 R^2 在 0.9593 ~ 0.9882 之间，数值均在 0.95 以上说明拟合效果很好。参数 B 在 9.4 ~ 832.2 之间，参数 n 在 1.36 ~ 2.74 之间，可以看出，经验参数 B、n 的总体变化趋势为随着粗颗粒含量的增加而增大。

定义同一时刻水平方向的湿润锋运移速率与垂直方向的湿润锋运移速率的比值为方向速度比，简称向速比，用 β 来表示，即

$$\beta = \frac{v_x}{v_y} \tag{4-19}$$

式中 v_x——水平方向的湿润锋运移速率，cm/min；

v_y——垂直方向的湿润锋运移速率，cm/min。

向速比反映了湿润锋水平方向和垂直方向湿润快慢的程度，表现出湿润体是椭球体的扁平程度，当 $\beta>1$ 时，湿润体是一个扁平的椭球体；当 $\beta\leqslant 1$ 时，湿润体逐渐由扁平的椭球体向球体发展；当 β 一直小于 1 时，湿润体将变成水平方向为短轴、垂直方向为长轴的椭球体。本试验中不同粒径及颗粒级配土样的向速比如图 4-13 所示。

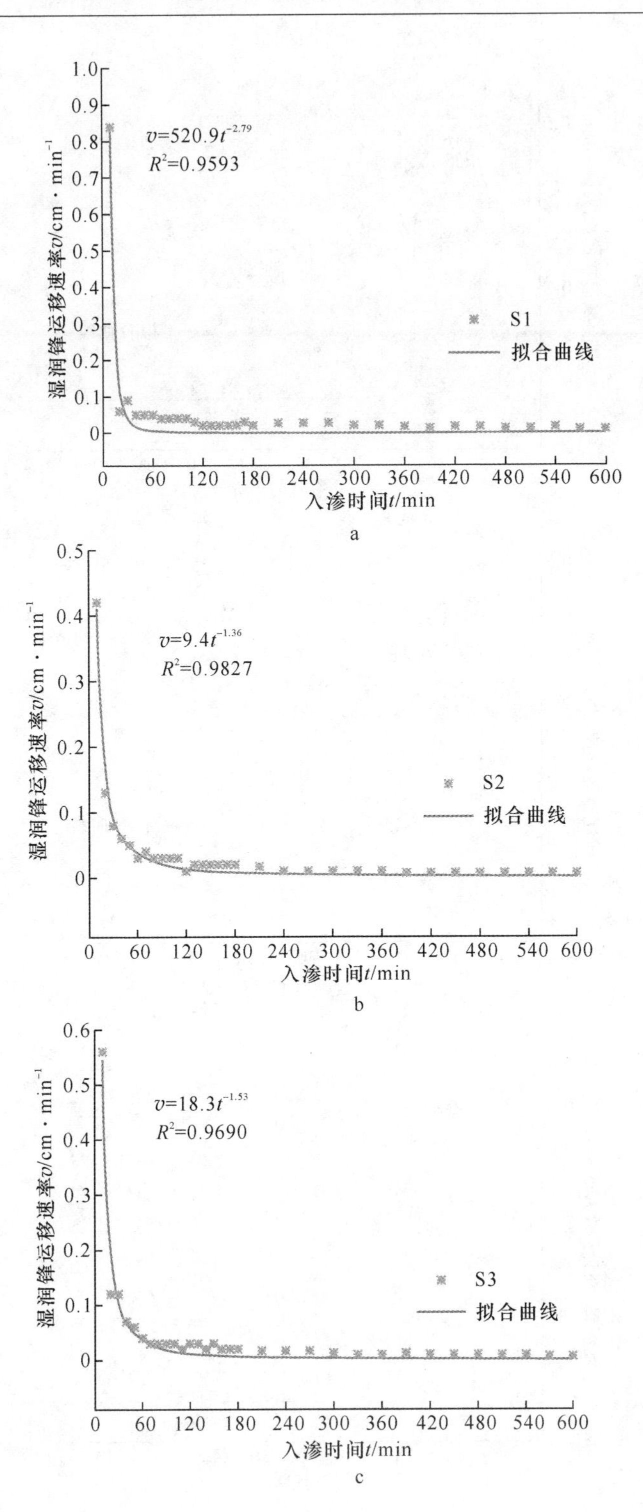

湿润锋运移速率v/cm · min⁻¹
$v=520.9t^{-2.79}$
$R^2=0.9593$
S1
拟合曲线
入渗时间t/min
a
$v=9.4t^{-1.36}$
$R^2=0.9827$
S2
拟合曲线
b
$v=18.3t^{-1.53}$
$R^2=0.9690$
S3
拟合曲线
c

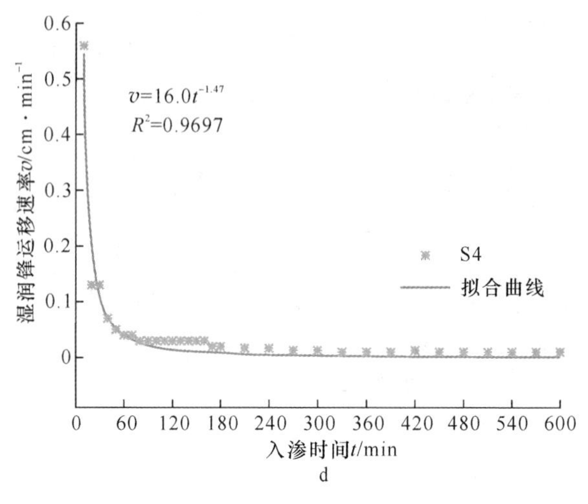

0.6
0.5
0.4
0.3
0.2
0.1
0
湿润锋运移速率v/cm · min⁻¹
v=16.0t^-1.47
R²=0.9697
S4
拟合曲线
0 60 120 180 240 300 360 420 480 540 600
入渗时间t/min

d

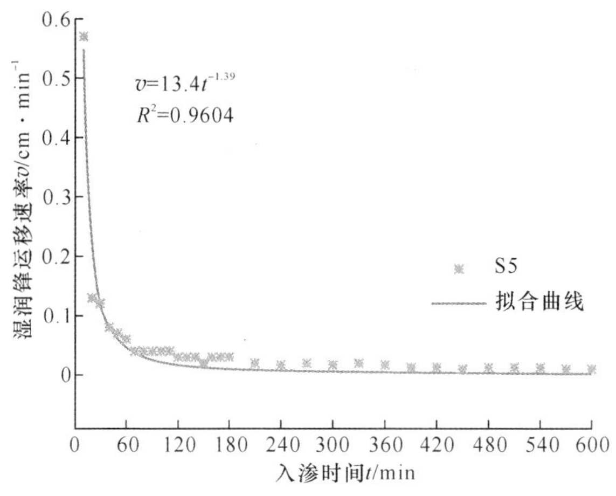

0.6
0.5
0.4
0.3
0.2
0.1
0
湿润锋运移速率v/cm · min⁻¹
v=13.4t^-1.39
R²=0.9604
S5
拟合曲线
0 60 120 180 240 300 360 420 480 540 600
入渗时间t/min

e

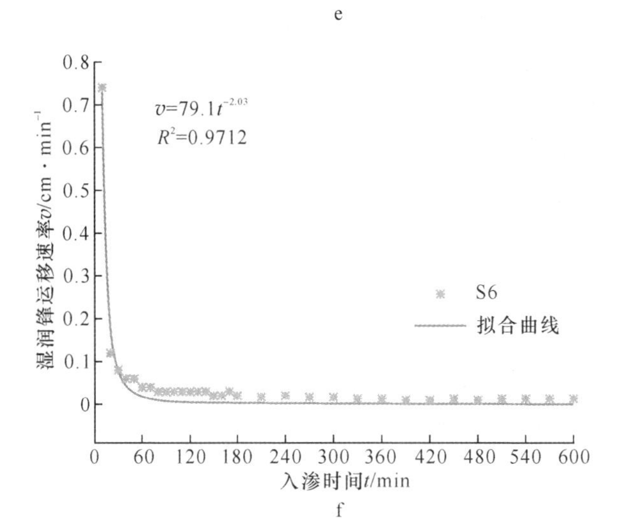

0.8
0.7
0.6
0.5
0.4
0.3
0.2
0.1
0
湿润锋运移速率v/cm · min⁻¹
v=79.1t^-2.03
R²=0.9712
S6
拟合曲线
0 60 120 180 240 300 360 420 480 540 600
入渗时间t/min

f

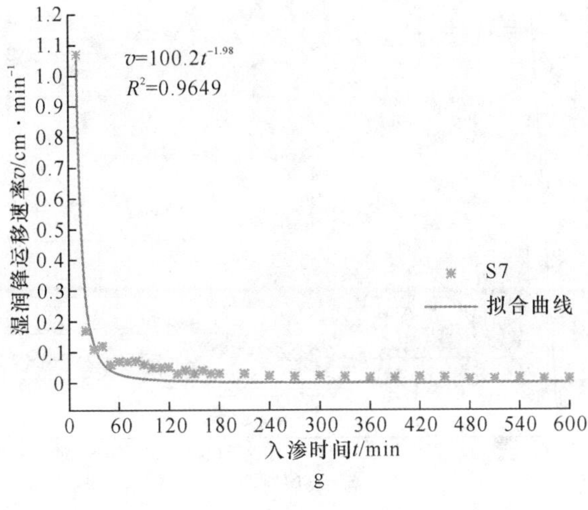

g

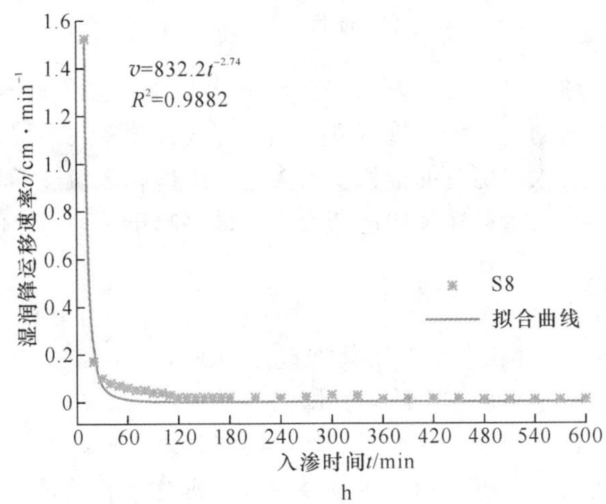

h

图 4-12 湿润锋运移速率与时间的关系

a—土样 S1；b—土样 S2；c—土样 S3；d—土样 S4；e—土样 S5；f—土样 S6；g—土样 S7；h—土样 S8

由图可知，注液入渗初始（t=10min），除了 S2 的向速比为 1.2，其余各个土样的向速比在 1.5～2.2 之间，说明湿润锋在水平方向的运移速率远大于垂直方向的运移速率，湿润体的形状为扁平的椭球体。分析认为，在入渗初期，基质吸力是水分运移的主要动力，在垂直方向压实度更大，水平方向受界面效应明显，形成初期的水平方向的水分运移速率更大。随着注液入渗过程的进行，所有土体的向速比均呈现逐渐减小的趋势，在注液入渗 420min 后，向速比趋于稳定，S2～S3 的向速比稳定在 0.7～1 区域内，S4～S8 的向速比稳定在 1～1.3 区域内，说明湿润锋在垂直方向的运移速率逐渐大于或等于水平方向的运移速率，湿润体的形状向球体发展。分析认为，随着注液入渗进行，土中基质势梯度不断降低，在水平方向上，湿润锋进一步远离饱和区，由基质势梯度提供的驱动力不断减

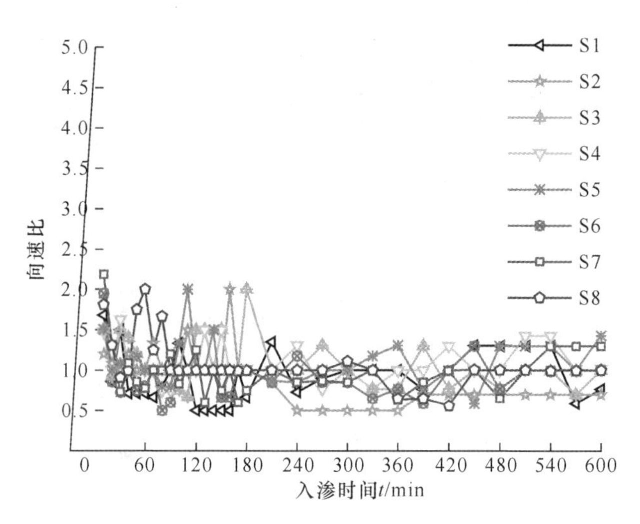

图 4-13　不同土样的向速比

小，而垂直向下入渗的水分受到基质势、注液水头压力势和重力势的共同作用，总势能大于水平方向的基质势，垂直方向湿润锋运移速率逐渐接近甚至大于水平方向运移速率。随着入渗历时的推移，入渗土体中饱和区域逐渐增大，在水平方向和垂直方向的湿润锋运移速率均逐渐减小，最终趋于一个稳定的水平。

4.3.5　平均入渗率

图 4-14 为不同土样在水平方向及垂直方向的平均入渗率与时间的关系。可以看出，平均入渗率也呈现三个阶段，即第一阶段：入渗初始时刻最大，然后迅速下降；第二阶段：平均入渗率平缓下降；第三阶段：平均入渗率趋于稳定，接近于一个固定的数值。分析可知，在第一阶段，即注液入渗的初始 60min，湿润体的体积很小，基质势梯度较高，水分迅速入渗，随后入渗率迅速下降，在水平方向初始入渗率达到 0.5 ~ 1.5cm/min，然后迅速降低至 0.15 ~ 0.33cm/min，在垂直方向，初始入渗率达到 0.4 ~ 0.8cm/min，然后迅速降低至 0.12 ~ 0.20cm/min；在第二阶段，即注液入渗的 60 ~ 360min，随着入渗历时的增加，湿润体的体积不断增大，湿润体中含水率显著增高，基质势梯度明显降低，导致平均入渗率逐渐减小，在水平方向平均入渗率降低至 0.04 ~ 0.08cm/min，在垂直方向平均入渗率降低至 0.03 ~ 0.06cm/min；在第三阶段：随着水分的不断入渗，水土结合面周围的土体含水率趋于饱和，平均入渗率最后趋向于稳定，在 0.03 ~ 0.05cm/min 之间，达到相对稳定入渗的状态。

在相同注液入渗历时，土体的平均入渗率与粒径大小呈现正比关系，即各个土样的平均入渗率均随粗颗粒的增加而增大。分析认为，大颗粒越多，土颗粒中大孔隙越容易形成，更有利于水分的运移，而细颗粒含量多，土颗粒间的接触角

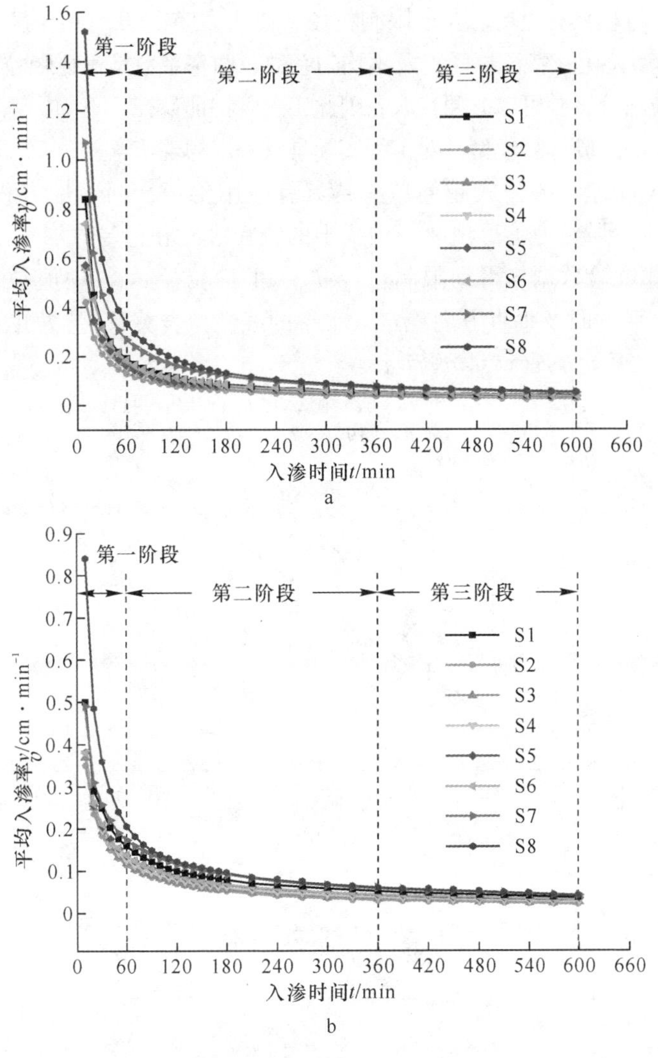

图 4-14 平均入渗率与时间的关系

a—水平方向；b—垂直方向

减小，从而形成更小的孔隙，阻塞水分向下流动的通道，并且因为小孔隙的毛细作用力大，入渗水分的毛细损失更多。

4.3.6 经验计算模型

当土体由近饱和到饱和状态后，入渗率将无限趋近于稳定入渗率，稳定入渗率是影响离子型稀土注液入渗的关键因素，是衡量浸矿母液流出难易程度的参数之一。粒径大小及颗粒级配在很大程度上影响到稳定入渗率的大小，通过相关参数快速计算模型推测入渗率，有助于估算注液过程中浸矿范围的时空关系，对于适时预测和调控离子型稀土浸矿过程具有重要意义。限制粒径 d_{60}、平均粒径 d_{50}、中值粒径 d_{30} 和有效粒径 d_{10} 等典型粒径（特征粒径）及不均匀系数、曲率系数是表征颗粒级配的重要参数，通过颗粒筛分试验可以方便获取，因此，建立特征粒径、不均匀系数、曲率系数与稳定入渗率的经验计算模型，对工程实际具有一定的现实意义。

根据相关性理论，公式越简单，越具有应用价值，回归性方程若为线性相关，则实用性最强。为了得出离子型稀土的颗粒级配和稳定入渗率之间的经验模型，基于上述试验数据，得到限制粒径 d_{60}、平均粒径 d_{50}、中值粒径 d_{30} 和有效粒径 d_{10} 和水平方向及垂直方向稳定入渗率的线性拟合关系图，如图 4-15 所示。

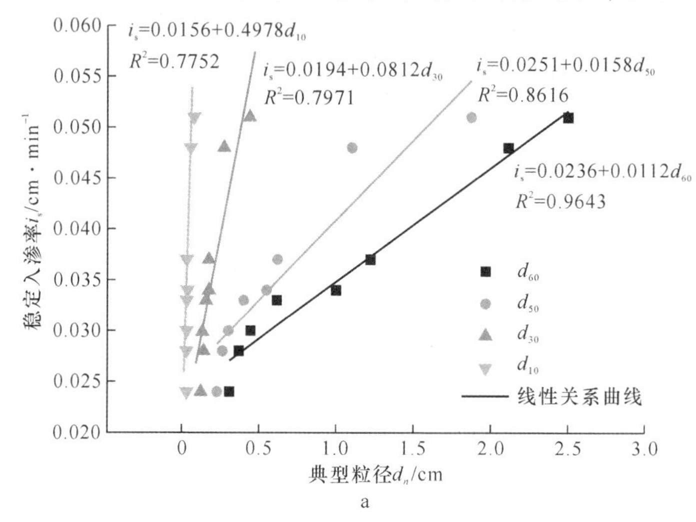

a

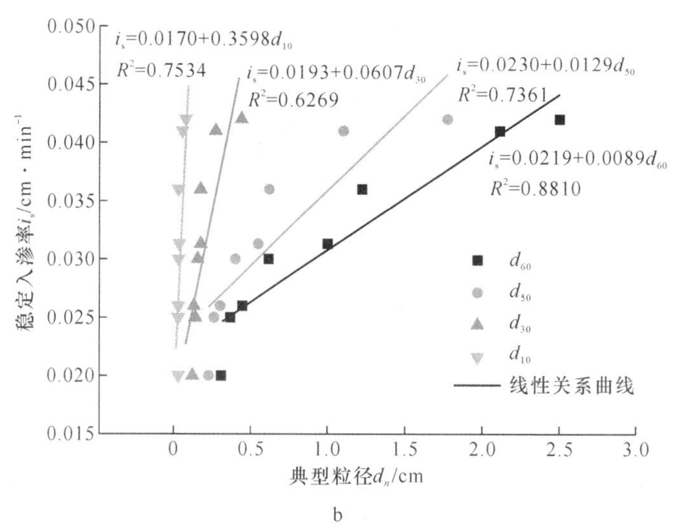

b

图 4-15　典型粒径与稳定入渗率的线性关系

a—水平方向；b—垂直方向

可以看出，无论是水平方向还是垂直方向，典型粒径与稳定入渗率均呈现出较好的线性关系，经验公式为：

$$i_s = m + nd_n \tag{4-20}$$

式中 i_s——稳定入渗率，cm/min；

d_n——典型粒径，cm；

m，n——拟合参数，相关参数值和决定系数见表 4-6 和表 4-7。

表 4-6 典型粒径与水平入渗率拟合结果

典型粒径 d_n	m	n	R^2
d_{60}	0.0236	0.0112	0.9643
d_{50}	0.0251	0.0158	0.8616
d_{30}	0.0194	0.0812	0.7971
d_{10}	0.0156	0.4978	0.7752

表 4-7 典型粒径与垂直入渗率拟合结果

典型粒径 d_n	m	n	R^2
d_{60}	0.0219	0.0089	0.8810
d_{50}	0.0230	0.0129	0.7361
d_{30}	0.0193	0.0607	0.7269
d_{10}	0.0170	0.3598	0.7534

由拟合结果可以看出，限制粒径 d_{60} 与稳定入渗率 i_s 的相关性最高，决定系数 R^2 为 0.9643 和 0.8810；平均粒径 d_{50} 与稳定入渗率的相关性次之，决定系数 R^2 为 0.8616 和 0.7361；中值粒径 d_{30} 和有效粒径 d_{10} 的数值非常接近，它们的决定系数 R^2 稍微较低，在 0.7269 ~ 0.7971 之间。从相关性角度来看，限制粒径 d_{60} 对稳定入渗率的影响最大。

根据前面的理论推导式（4-14）可知，计算粒径 D^2 是控制渗流的决定因素，基于此，对限制粒径 d_{60}^2、平均粒径 d_{50}^2、中值粒径 d_{30}^2 和有效粒径 d_{10}^2 与水平方向和垂直方向的稳定入渗率进行线性相关性分析，如图 4-16 所示。

典型粒径的平方 d_n^2 与稳定入渗率 i_s 具有一定线性关系，经验公式为：

$$i_s = m' + n'd_n^2 \tag{4-21}$$

式中，m'、n'为拟合参数，相关参数值和决定系数见表 4-8 和表 4-9。

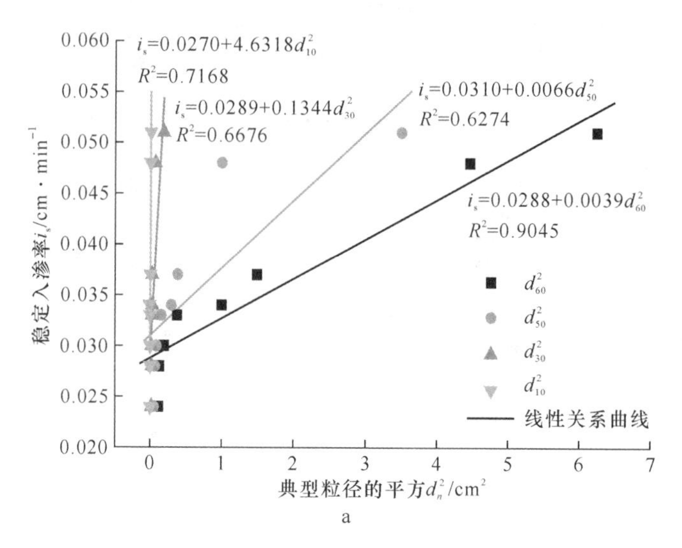

a

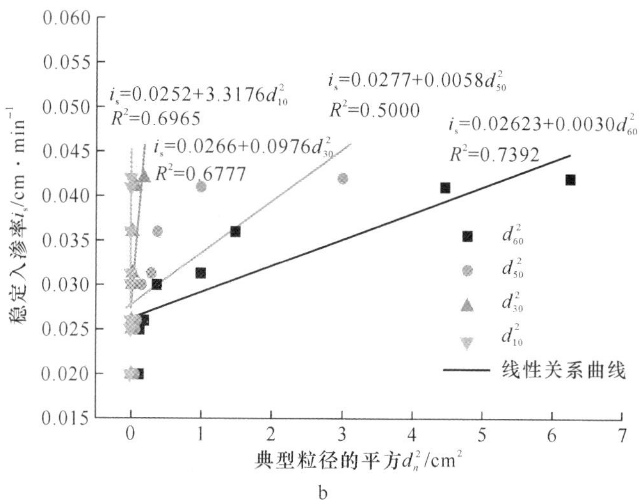

b

图 4-16　典型粒径平方与稳定入渗率的线性关系

a—水平方向；b—垂直方向

表 4-8　典型粒径的平方 d_n^2 与水平入渗率拟合结果

典型粒径 d_n^2	m'	n'	R^2
d_{60}^2	0.0288	0.0039	0.9045
d_{50}^2	0.0310	0.0066	0.6274
d_{30}^2	0.0289	0.1344	0.6676
d_{10}^2	0.0270	4.6318	0.7168

表 4-9　典型粒径的平方 d_n^2 与垂直入渗率拟合结果

典型粒径 d_n^2	m'	n'	R^2
d_{60}^2	0.0262	0.0030	0.7392
d_{50}^2	0.0277	0.0058	0.5000
d_{30}^2	0.0266	0.0976	0.6777
d_{10}^2	0.0252	3.3176	0.6965

由此可以看出，图 4-15 中线性分析的决定系数普遍都比图 4-16 中对应的决定系数高，说明典型粒径平方值 d_n^2 与稳定入渗率 i_s 的相关性比典型粒径 d_n 与稳定入渗率 i_s 的相关性更低。然而，同样是典型粒径平方值，不同的 d_n^2 中限制粒径平方值 d_{60}^2 对稳定入渗率 i_s 的相关性最高，决定系数 R^2 为 0.9045 和 0.7392，其余决定系数均不高。综上可知，限制粒径 d_{60} 是影响稳定入渗率的最重要的特征粒径值。

为了全面分析颗粒级配对入渗的影响，进一步讨论稳定入渗率与不均匀系数、曲率系数的关系。通过对试验数据中的稳定入渗率与不均匀系数的线性相关分析可知，稳定入渗率与不均匀系数线性正相关，即不均匀系数越大，稳定入渗率越大，如图 4-17 所示。

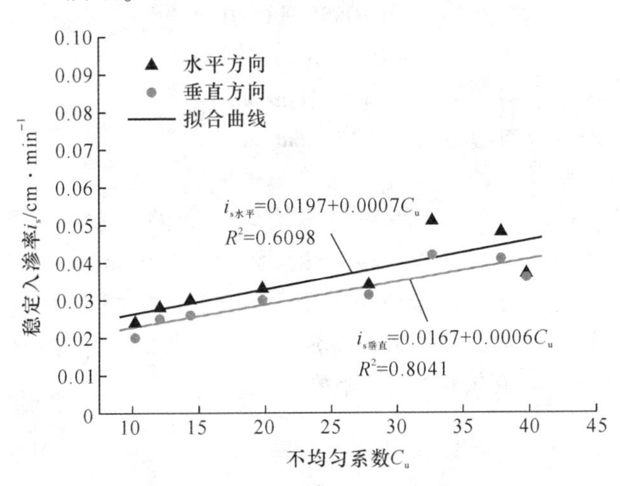

图 4-17　稳定入渗率与不均匀系数的线性相关分析

稳定入渗率与不均匀系数线性经验公式为：

$$i_{s水平} = 0.0197 + 0.0007C_u \tag{4-22}$$

$$i_{s垂直} = 0.0167 + 0.0006C_u \tag{4-23}$$

式中　$i_{s水平}$——水平方向的稳定入渗率，cm/min；

$i_{s垂直}$——垂直方向的稳定入渗率，cm/min；

C_u——不均匀系数。

稳定入渗率与曲率系数线性负相关，即曲率系数越大，稳定入渗率越小。稳定入渗率与曲率系数的线性相关分析如图 4-18 所示。

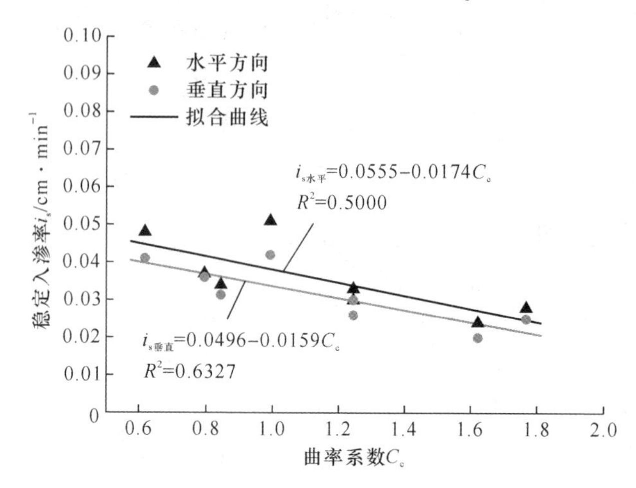

图 4-18　稳定入渗率与曲率系数的线性相关分析

稳定入渗率与曲率系数的经验公式为：

$$i_{s水平} = 0.0555 - 0.0174C_c \tag{4-24}$$

$$i_{s垂直} = 0.0496 - 0.0159C_c \tag{4-25}$$

式中　$i_{s水平}$——水平方向的稳定入渗率，cm/min；

$i_{s垂直}$——垂直方向的稳定入渗率，cm/min；

C_c——曲率系数。

由分析可以看出，稳定入渗率与不均匀系数的相关性系数为 0.6098 与 0.8041，稳定入渗率与曲率系数的相关性系数为 0.5000 与 0.6327，说明稳定入渗率与不均匀系数相关性要高于曲率系数，垂直方向的相关性要高于水平方向。稳定入渗率与不均匀系数和曲率系数的相关性，本质上还是稳定入渗率与限制粒径 d_{60}、中值粒径 d_{30} 和有效粒径 d_{10} 相关。

本章小结

（1）理论推导表明，在离子型稀土原地溶浸过程中，当浸矿溶液固定不变，渗透系数与土颗粒的形状因子和计算粒径具有高度关联。假设土颗粒近似圆球体，忽略形状因子的影响，土体的粒径大小及颗粒级配对于土体的入渗特性起着决定作用。

（2）基于数字图像技术开展了离子型稀土二维入渗试验，通过可视化的试验结果表征了湿润体形状近似为椭球体，并且直观地刻画了湿润体的演化过程。在相同注液入渗历时，湿润体的形状随粗粒径含量增加而增大。

（3）湿润锋距离与时间呈现极显著的幂函数关系，相同注液入渗历时，随着细颗粒含量的增加，入渗距离逐渐减小，入渗曲线越平缓，随着注液时间的推进，湿润体的垂向距离逐渐接近于水平距离。

（4）湿润锋运移速率在注液入渗初期最大，之后呈现快速下降、缓慢下降，最后趋于稳定三个阶段。定义了向速比，在注液入渗过程中，向速比由大于1逐渐减小至接近1，可以看出初期水平入渗速率快，然后垂直入渗速率逐渐接近甚至超过水平入渗速率。

（5）平均入渗率呈现“入渗初始时刻达到最大值并迅速下降，接着平缓下降，最后趋于稳定”三个阶段的变化规律。建立了限制粒径 d_{60}、平均粒径 d_{50}、中值粒径 d_{30} 和有效粒径 d_{10} 等特征参数与稳定入渗率的经验关系，限制粒径 d_{60} 与稳定入渗率的线性相关性最高，其结果为反演离子型稀土矿的稳定入渗率提供理论指导，具有一定的应用价值。

5 离子型稀土持水特性影响因素和作用机理

离子型稀土的持水特性，能够反映土体中孔隙吸收水分的难易程度，进而反映了浸矿过程中黏土矿物吸收浸矿溶液能力大小，对提升稀土浸取率至关重要，对于预测原地溶浸过程中非饱和矿体的渗透性能以及力学性能具有重要意义[164]。在离子型稀土浸矿过程中，吸附在黏土矿物上的水合阳离子发生改变，矿体中可能发生颗粒崩解、团聚及颗粒运移，这些变化对土体的持水特性影响显著。研究粒径及溶浸对离子型稀土的持水性能的影响，有助于分析不同矿区离子型稀土的渗透特性，为原地浸矿的注液井网参数设计提供理论依据。

土-水特征曲线（Soil-water Characteristic Curve，SWCC）为土的含水率与土中吸力的关系曲线，是反映非饱和土持水能力的重要指标[165]。土-水特征曲线其中含水率通常采用体积含水率，也可以采用饱和度代替；吸力一般为基质吸力，也可以用总吸力代替。土-水特征曲线作为一项解释非饱和土现象的基本本构关系，受到诸多因素的影响，影响 SWCC 主要包括内在因素（如矿物成分、土颗粒的粒径和级配、初始含水率、初始干密度、压缩性和结构性等）和外在因素（如土的应力历史、应力状态、温度和干湿循环等）。根据离子型稀土的特殊性，在原地浸矿过程中，吸附在黏土矿物上的水合阳离子发生了变化，目前溶浸作用对离子型稀土的持水性能影响的研究不多，尤其是不同粒径的稀土在溶浸作用后的持水性能变化规律相关报道较少。

本章取江西龙南足洞稀土矿区稀土进行粒径筛分和室内溶浸，采用压力板仪对不同粒径和室内溶浸前后的土样进行土-水特征试验，通过采用 Fredlund & Xing 3 参数模型、Fredlund & Xing 4 参数模型和 Van Genuchten 模型对所测 SWCC 曲线进行拟合，分析不同模型的土水特征参数的变化规律，探究粒径及溶浸作用对离子型稀土持水特性的影响，采用 MLA650 扫描电镜对不同粒径的土样进行微观结构分析，结合土体双电层理论和水膜结构，揭示粒径及溶浸作用对离子型稀土持水特性的作用机理[166]。

5.1 试验材料与方法

5.1.1 试验材料

本试验所用的土样取自江西龙南足洞稀土矿区，取土深度为见矿 0.5～1m，其基本物理性质和颗粒级配分布曲线和第3章相同，在此不再赘述。

5.1.2 土水特性试验装置

土-水特征曲线试验所用仪器为Geo-Experts土-水特征曲线压力板仪系统，如图5-1所示，该仪器主要由压力板仪组件、垂直加载系统、气压控制系统以及水体积测量系统4个部分组成。扫描电镜（SEM）采用MLA（Mineral Liberation Analyser）650矿物解离分析仪，如图5-2所示，该仪器主要包括扫描电镜（SEM）、能谱仪（EDS）和矿物参数定量分析系统，通过SEM可以测得矿物颗粒微观结构图形信息，如矿物颗粒尺寸、形状孔隙结构等。

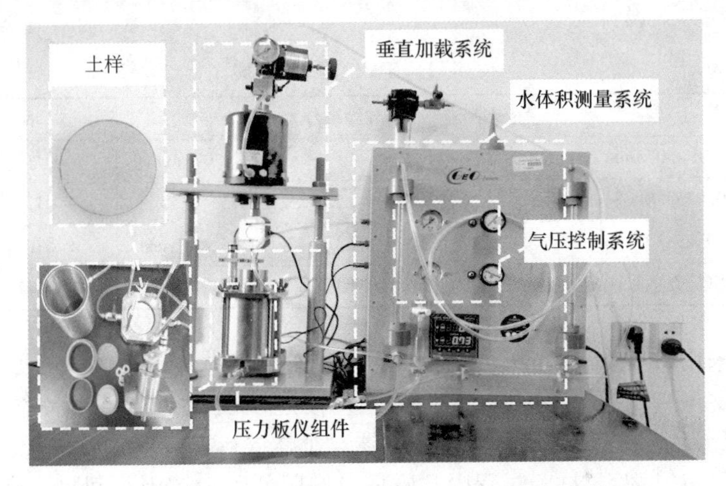

图5-1 Geo-Experts土-水特征曲线压力板系统

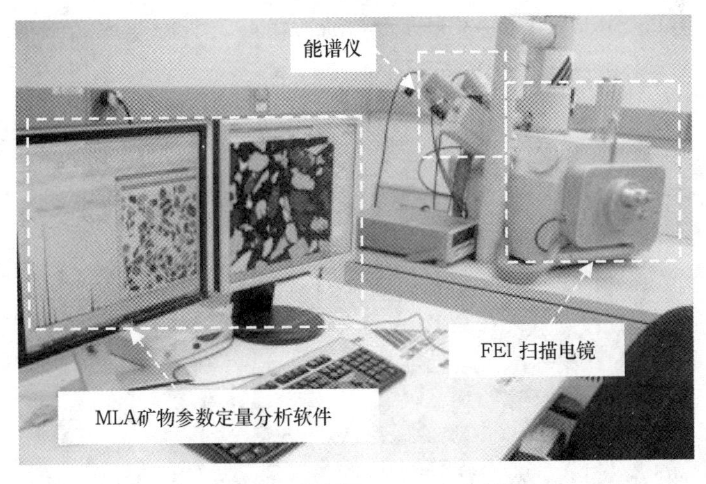

图5-2 MLA650矿物解离分析仪

5.1.3　土水特性试验方案

为了研究粒径及溶浸作用对离子型稀土的土-水特征曲线的影响，将稀土过标准圆孔筛，分别得到不同粒径范围的土样。采用4种不同粒径范围的稀土土样：< 0.075mm，0.075 ~0.25mm，0.25 ~0.5mm等3种单一粒级土样，及原状土颗粒级配（其中< 0.5mm的颗粒占48.22%）。当只含有> 0.5mm颗粒的土样黏聚性差，近砂土性质，与本书所取土样的工程性质相差大，故本章未考虑。按照稀土行业标准《离子型稀土原矿化学分析方法离子相稀土总量的测定》（XB/T 619—2015）[167]，将对比稀土试样放入硫酸铵溶液（20g/L）进行溶浸、静置、烘干，试验方案设计见表5-1。

表5-1　SWCC试验方案

试验编号	土样粒径	溶浸情况	试验编号	土样粒径	溶浸情况
S1	< 0.075mm	无	L1	<0.075mm	$(NH_4)_2SO_4$ 溶浸
S2	0.075 ~0.25mm	无	L2	0.075 ~0.25mm	$(NH_4)_2SO_4$ 溶浸
S3	0.25 ~0.5mm	无	L3	0.25 ~0.5mm	$(NH_4)_2SO_4$ 溶浸
S4	原状土颗粒级配	无	L4	原状土颗粒级配	$(NH_4)_2SO_4$ 溶浸

试样采用ϕ70mm×19mm的圆柱体重塑土样，含水率控制为15%，干密度为1.3 ~1.5g/cm^3。取经筛分与烘干后的土，按照预设干密度和含水率制备土样，分层装入环刀中并击实。利用真空饱和器对土样进行真空饱和24h（如图5-3所示），然后开始试验。试验过程中基质吸力按照低吸力范围小间隔、高吸力范围大间隔的原则设定，依次设定为0，10kPa，20kPa，50kPa，100kPa，150kPa，200kPa，300kPa，400kPa和480kPa进行脱湿试验，脱湿完成之后再进行吸湿试

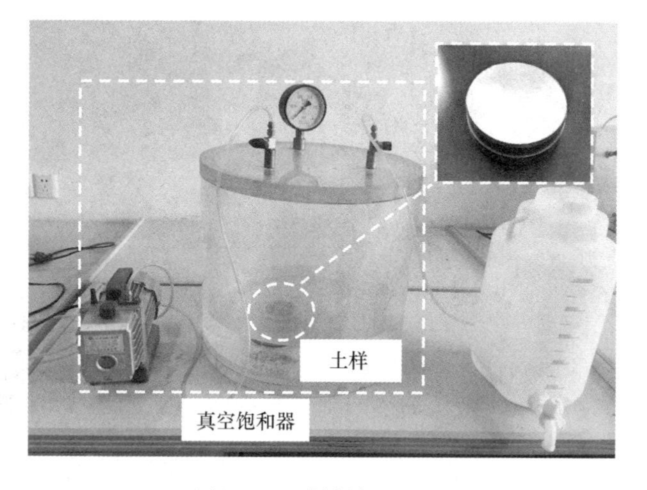

图5-3　土样制备及饱和

验，即反向逐级减小基质吸力至0，水将逐渐流回土内，待平衡后读取数据。单级基质吸力下土样的平衡标准参照H. P. Pham[168]的建议：当24h内排水量小于0.1mL时，可认为基质吸力达到平衡状态。

Geo-Experts压力板仪中的高进气值陶土板具有许多均匀的微细孔，当陶土板处于饱和状态时，表面众多小孔通过饱和形成的收缩膜联结起来，收缩膜产生的表面张力阻止空气进出。然后，陶土板中的饱和水将土中孔隙水同测量系统中的水贯通起来，这样高进气值陶土板起着隔气通水的隔膜作用。陶土板的上表面承受的是气压u_a，下表面承受的是孔隙水压力u_w，上下表面的差值（u_a-u_w）即为土样的基质吸力。在试验过程中，待到水体积测量管中的水不再变化，即认为孔隙水压力$u_w=0$，气压u_a就等于基质吸力，并记录u_a和量管中水体积变化量Δv。

土样初始的饱和质量含水率为：

$$w_s = \frac{m_t - m_s - m_0}{m_s} \times 100\% \tag{5-1}$$

式中 w_s——饱和质量含水率；

m_t——真空饱和后环刀和饱和土样的总质量；

m_s——试验后烘干土的质量；

m_0——环刀的质量。

通过计算每级基质吸力平衡以后水体积测量系统的变化量，反算每级基质吸力下试样的质量含水率：

$$w = \frac{m_t - m_s - m_0 - \Delta v_i \rho_w}{m_s} \times 100\% \tag{5-2}$$

式中 w——某一级基质吸力对应的质量含水率；

Δv_i——基质吸力平衡时量管体积的变化量；

ρ_w——水的密度。

对应的不同基质吸力试样的体积含水率为：

$$\theta = \frac{w\rho_d}{\rho_w} \tag{5-3}$$

式中 θ——体积含水率；

ρ_d——土的干密度。

5.2 土-水特征曲线模型及分析

5.2.1 土-水特征曲线模型

许多学者建立了土-水特征曲线计算模型，通过分析认为，可能适用于离子型稀土的模型有Fredlund & Xing 3参数模型、Fredlund & Xing 4参数模型和Van Genuchten模型。

Fredlund & Xing 3 参数模型[77] 表达式为：

$$\frac{\theta}{\theta_s} = \frac{1}{\left\{\ln\left[e + \left(\frac{\psi}{a}\right)^n\right]\right\}^m} \tag{5-4}$$

式中，θ 为土体的体积含水率；θ_s 为饱和含水率；ψ 为土体基质吸力；a，n 和 m 为模型三个优化参数，其中参数 a 与空气进气值相关，n 为减湿率的相关参数，控制土-水特征曲线的斜率；m 为残余含水率的相关参数，与曲线的整体对称性有关。该模型认为残余含水率 θ_r 较小，为了简化模型而假定 $\theta_r=0$。

Fredlund & Xing 4 参数模型[78] 表达式为：

$$\frac{\theta - \theta_r}{\theta_s - \theta_r} = \frac{1}{\left\{\ln\left[e + \left(\frac{\psi}{a}\right)^n\right]\right\}^m} \tag{5-5}$$

式中，θ_r，a，n 和 m 为模型四个优化参数，其中 a，n 和 m 参数意义与式（5-4）类似，θ_r 为残余含水率，由于陶土板的进气压力值有限（本试验采用 5×10^5 Pa 的陶土板），试验中残余含水率状态并未达到，因此通过数据拟合来获取 θ_r。

Van Genuchten 模型[76] 表达式为：

$$\frac{\theta - \theta_r}{\theta_s - \theta_r} = \frac{1}{[1 + (a\psi)^n]^m} \tag{5-6}$$

式中，θ 为土体的体积含水率；θ_s 为饱和含水率；θ_r 为残余含水率；ψ 为土体基质吸力；θ_r，a，n 和 m 为模型四个优化参数。通常认为：

$$m = 1 - \frac{1}{n} \tag{5-7}$$

典型的非饱和土的土-水特征曲线（如图 5-4 所示）呈现的三阶段变化特征：边界效应区、过渡阶段区和残余阶段区。

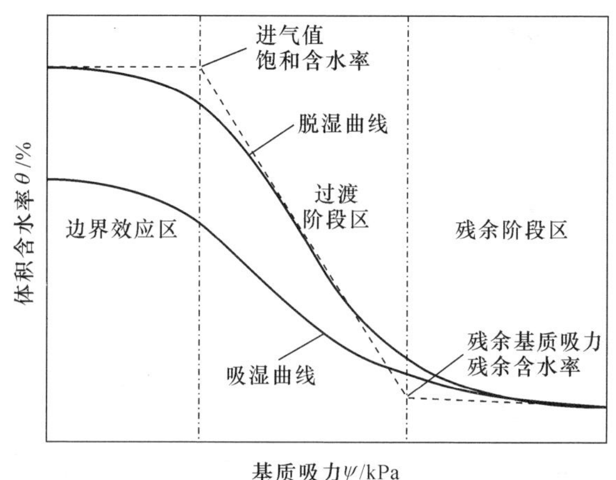

图 5-4　典型非饱和土的土-水特征曲线

边界效应区是SWCC的一个平缓段，此时土体的孔隙中全部充满水，土颗粒与水接触连通，土中含水率接近于饱和含水率，土体性质近似饱和土性质。进气值是土体孔隙中开始出现气泡时的基质吸力，即当基质吸力增加到该值时，空气开始进入土体，它是边界效应区的下边界。土体进入非饱和土的过渡区，土体的含水率随着基质吸力的增加而快速降低，SWCC在半对数坐标上近似为一条直线，将它的切线斜率表征减湿率，反映土体储存水分能力大小。这一阶段中的液相和气相处于双连通形态，土体性质复杂，实际工程中大部分非饱和土处于这个阶段。残余含水率 θ_r 是残余阶段的上边界，当含水率减少到残余含水率，土体孔隙中的空气处于气连通形态，孔隙水仅残存于小孔隙中，需要增加特别大的基质吸力才能使含水率继续减小，残余阶段区是SWCC的第二个平缓段，此阶段基质吸力对非饱和土的工程性质影响很小。

5.2.2 土-水特征曲线及特征参数分析

分别用Fredlund & Xing 3参数模型、Fredlund & Xing 4参数模型和Van Genuchten模型拟合，其脱湿曲线拟合参数如表5-2所示，吸湿曲线拟合参数如表5-3所示。从拟合结果可知，脱湿曲线和吸湿曲线拟合参数的决定系数 R^2 在0.981～0.999之间，说明这3种模型都可以较好地拟合土-水特征曲线。总体来看，Fredlund & Xing 3参数模型效果最好，Fredlund & Xing 4参数模型效果次之，Van Genuchten模型的拟合精度相对低于前两者，虽然Fredlund & Xing 3参数模型精度高，但是Fredlund & Xing 3参数模型不能直接估算残余含水率，Fredlund & Xing 4参数模型和Van Genuchten模型可以估算残余含水率。

由表5-2可知，脱湿曲线 a 的变化规律：在Fredlund & Xing 3参数模型、Fredlund & Xing 4参数模型拟合中，随着粒径的增大，a 值逐渐减小；除了S1和L1以外，其余土样溶浸后 a 值比溶浸前更大。在Van Genuchten模型中，参数 a 的变化规律截然相反，随着粒径的增大，a 值逐渐增大；溶浸前与溶浸后的 a 值比较接近。

脱湿曲线 n 的变化规律：在Fredlund & Xing 3参数模型和Fredlund & Xing 4参数拟合模型中，随着粒径的增大，n 值逐渐增大；溶浸后的 n 值比溶浸前更小。在Van Genuchten模型中，参数 n 的变化规律亦截然相反，随着粒径的增大，n 值逐渐减小；除了S1和L1以外，其余土样溶浸后 n 值比溶浸前更大。

脱湿曲线 m 的变化规律：在Fredlund & Xing 3参数模型、Fredlund & Xing 4参数模型和Van Genuchten模型这3个拟合模型中，参数 m 的变化规律比较一致。随着粒径的增大，m 值均逐渐减小；溶浸后的参数 m 比溶浸前参数 m 更大。

脱湿曲线 θ_r 的变化规律：Fredlund & Xing 3参数模型无此参数，只有Fredlund & Xing 4参数模型有，在Fredlund & Xing 4参数模型和Van Genuchten模型拟合中，残余含水率 θ_r 的变化规律比较一致，随着粒径增大，θ_r 逐渐减小，溶浸后 θ_r 值比溶浸前 θ_r 值更小。

表 5-2 不同粒径下土-水特征曲线（脱湿曲线）模型参数

SWCC 模型	模型参数	溶浸前				溶浸后			
		S1	S2	S3	S4	L1	L2	L3	L4
Fredlund & Xing 3	a	42.286	20.136	13.591	21.547	34.234	21.129	16.721	25.654
	n	1.312	1.566	2.249	1.182	1.302	1.482	1.600	1.427
	m	1.612	1.333	0.847	1.367	1.669	1.348	1.242	1.391
	R^2	0.995	0.999	0.993	0.992	0.995	0.999	0.998	0.995
Fredlund & Xing 4	a	471.758	33.671	17.119	48.480	478.975	41.222	28.834	49.186
	n	1.0513	1.346	1.909	1.003	1.015	1.249	1.348	1.222
	m	18.566	2.592	1.397	3.055	21.098	3.037	2.549	2.975
	θ_r	9.117	5.221	4.998	3.898	6.941	5.194	4.290	3.229
	R^2	0.997	0.998	0.991	0.990	0.999	0.997	0.996	0.994
Van Genuchten	a	0.001	0.003	0.009	0.010	0.001	0.003	0.005	0.003
	n	2.139	1.979	1.788	1.752	2.127	2.008	1.949	1.914
	m	0.534	0.495	0.441	0.429	0.530	0.502	0.487	0.478
	θ_r	9.146	5.229	4.283	3.992	7.501	5.492	4.039	3.184
	R^2	0.983	0.997	0.991	0.991	0.981	0.995	0.997	0.994

表 5-3 不同粒径下土-水特征曲线（吸湿曲线）模型参数

SWCC 模型	模型参数	溶浸前				溶浸后			
		S1	S2	S3	S4	L1	L2	L3	L4
Fredlund & Xing 3	a	21.286	10.867	12.268	16.385	23.312	19.137	18.407	17.114
	n	1.602	1.500	1.051	0.928	1.305	0.691	0.836	1.202
	m	0.989	1.022	1.539	1.283	1.370	2.069	1.670	1.133
	R^2	0.996	0.992	0.986	0.999	0.998	0.998	0.999	0.999
Fredlund & Xing 4	a	44.594	20.094	99.611	41.403	116.467	320.397	90.938	34.176
	n	1.298	1.145	0.628	0.810	1.016	0.562	0.699	1.027
	m	2.732	2.188	4.533	2.831	6.601	9.437	4.993	2.396
	θ_r	8.413	4.722	3.738	3.295	6.461	3.931	3.268	2.768
	R^2	0.993	0.990	0.994	0.999	0.999	0.997	0.999	0.999
Van Genuchten	a	0.003	0.018	0.044	0.024	0.003	0.016	0.026	0.015
	n	1.913	1.740	1.520	1.607	1.982	1.621	1.661	1.625
	m	0.477	0.425	0.342	0.378	0.496	0.383	0.398	0.385
	θ_r	7.851	4.649	3.873	3.795	6.529	4.352	3.713	2.363
	R^2	0.995	0.993	0.991	0.993	0.990	0.990	0.990	0.999

由表5-3可知，在Fredlund & Xing 3参数模型、Fredlund & Xing 4参数模型拟合中，随着粒径的增大，溶浸之前a值先减小后增大，溶浸之后a值总体趋势是减小；除了S3和L3以外，其余土样溶浸后a值比溶浸前更大。在Van Genuchten模型中，参数a的变化规律为随着粒径的增大，a值逐渐增大；溶浸前与溶浸后的a值比较接近。吸湿曲线中θ_r的变化规律与脱湿曲线大致相似，即在Fredlund & Xing 4参数模型中随着粒径增大，θ_r逐渐减小，溶浸后θ_r值比溶浸前θ_r值更小。与脱湿曲线不同的是，吸湿曲线中n的变化规律为随着粒径的增大而逐渐减小，参数m的变化规律不显著。

在Fredlund & Xing 3参数模型和Fredlund & Xing 4参数模型中，选取拟合精度高和参数少的Fredlund & Xing 3参数模型进行土-水特征曲线的图形分析，如图5-5所示。

可以看出，不同土样在脱湿过程中，随着基质吸力的增大，土样的体积含水率逐渐减小；在吸湿过程中，随着基质吸力的减小，土样的体积含水率逐渐增大。土样在完成脱湿过程后再进行吸湿，不可能完全恢复到原来的含水状态，存在一定的滞回效应，通常可以用“毛细管模型”和“接触角滞后作用”来解释。换言之，在相同吸力的情况下，土体在蒸发或排水的脱湿过程中赋存的水量比土体在入渗、毛细上升的吸湿过程中所赋存的水量多。分析认为，在脱湿过程中，土样的结构、孔径分布以及接触角等均发生了变化，所以在吸湿过程中，土样含水状态不可能恢复到原来的状态。

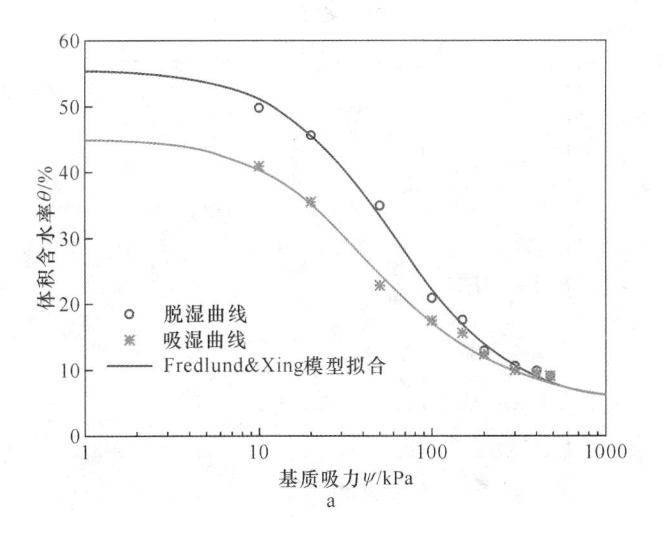

a

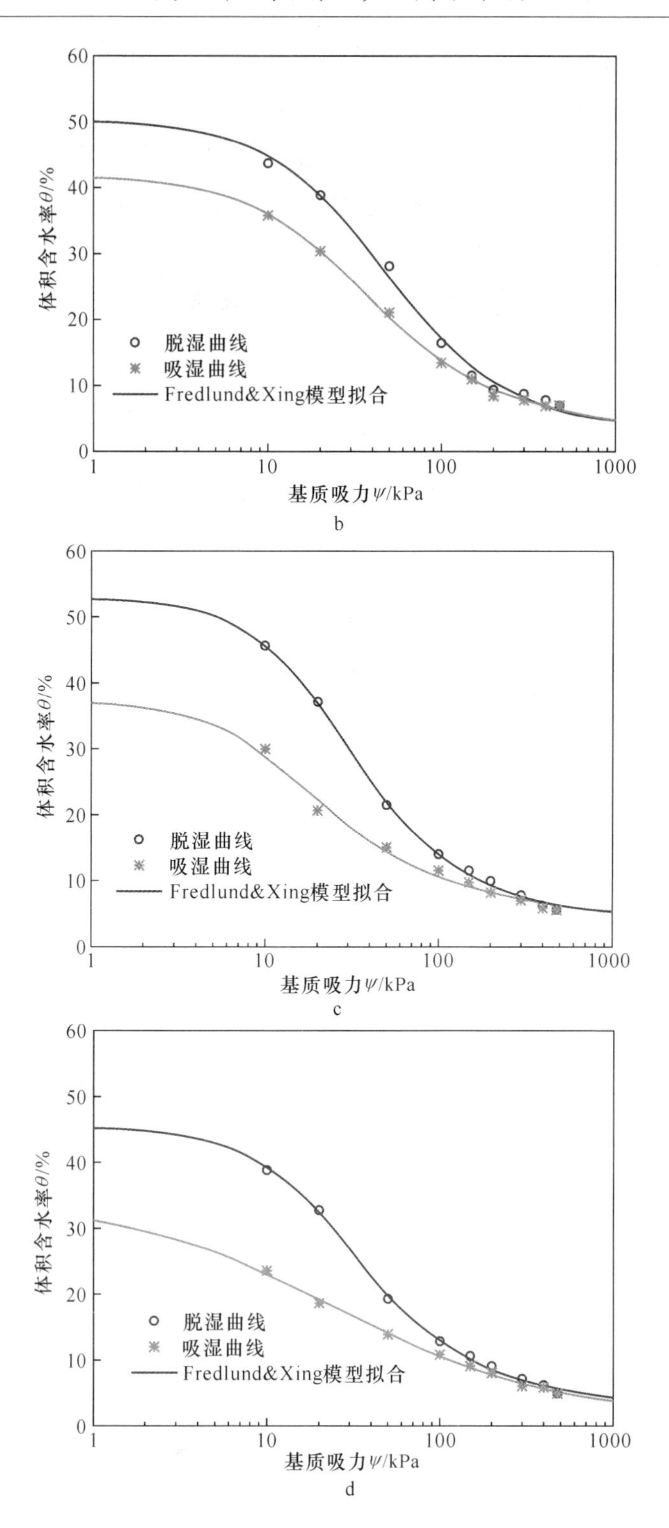

体积含水率θ/%
基质吸力ψ/kPa
脱湿曲线
吸湿曲线
Fredlund&Xing模型拟合
0
10
20
30
40
50
60
1
10
100
1000

b

c

d

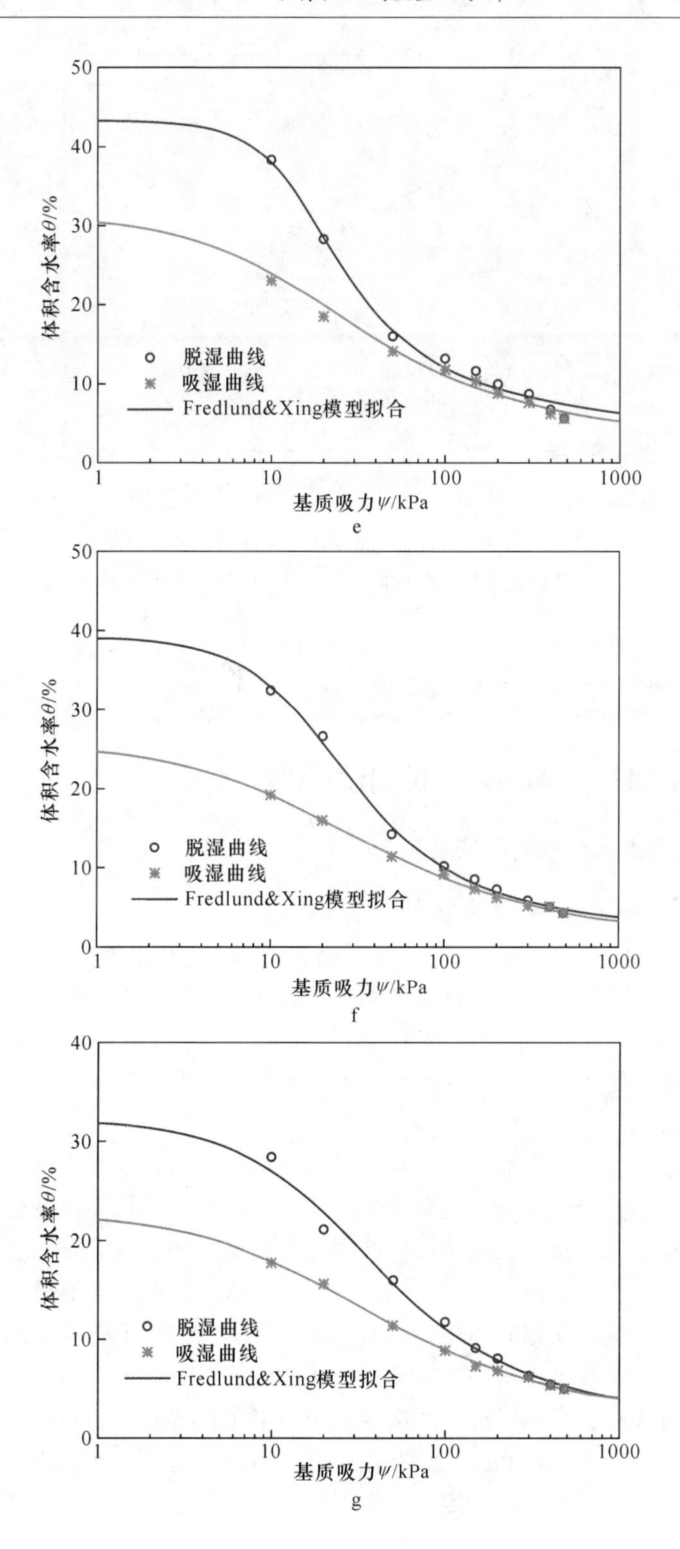
50
40
30
20
10
0
体积含水率θ/%
脱湿曲线
吸湿曲线
Fredlund&Xing模型拟合
1
10
100
1000
基质吸力ψ/kPa
e
50
40
30
20
10
0
体积含水率θ/%
脱湿曲线
吸湿曲线
Fredlund&Xing模型拟合
1
10
100
1000
基质吸力ψ/kPa
f
40
30
20
10
0
体积含水率θ/%
脱湿曲线
吸湿曲线
Fredlund&Xing模型拟合
1
10
100
1000
基质吸力ψ/kPa
g

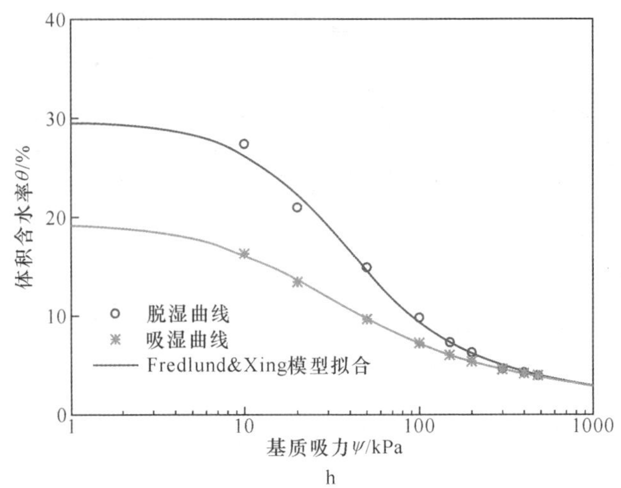

图 5-5　不同土样的 Fredlund & Xing 土-水特征曲线

a—土样 S1（<0.075mm 浸矿前）；b—土样 L1（<0.075mm 浸矿后）；
c—土样 S2（0.075～0.25mm 浸矿前）；d—土样 L2（0.075～0.25mm 浸矿后）；
e—土样 S3（0.25～0.5mm 浸矿前）；f—土样 L3（0.25～0.5mm 浸矿后）；
g—土样 S4（原状土颗粒级配　浸矿前）；h—土样 L4（原状土颗粒级配　浸矿后）

5.3　持水特性的影响因素分析和作用机理

5.3.1　粒径对土体持水特征的影响

采用 4 种不同粒径的稀土土样：<0.075mm，0.075～0.25mm，0.25～0.5mm，及原状土颗粒级配（其中<0.5mm 的颗粒占 48.22%）。图 5-6 和图 5-7 给出了 4 种不同粒径范围的土样在溶浸前后的脱湿曲线和吸湿曲线。可以看出，土样粒径越小，土-水特征曲线越在上方；在同一基质吸力下，颗粒粒径越小及细颗粒含量越多的土样，土的含水率越大，土的持水能力增加，在脱湿和吸湿过程中规律一致。

随着土颗粒粒径的增加及细颗粒含量的减小，土的含水率逐渐减小，土的持水能力随之减小。分析认为，随着土颗粒的粒径增加，其孔径直径的大小相应增大，进气值减小，残余含水率减小，持水能力减弱。不难发现，基质吸力从 0～200kPa，含水率降低得较快，吸力从 200～480kPa，含水率降低得较慢，含水率变化幅度趋于平缓。在相同体积含水率情况下，不同粒径土样对应的基质吸力相差悬殊，表现为基质吸力与粒径大小成反比的规律。

在脱湿过程中，基质吸力从 0 逐渐增加到 480kPa，含水率逐渐减小；在吸湿过程中，基质吸力从 480kPa 再逐渐减小至 0，含水率逐渐增大。在脱湿和吸湿过程中，不同土样含水率变化幅度如图 5-8 所示。可以看出，离子型稀土随着颗粒

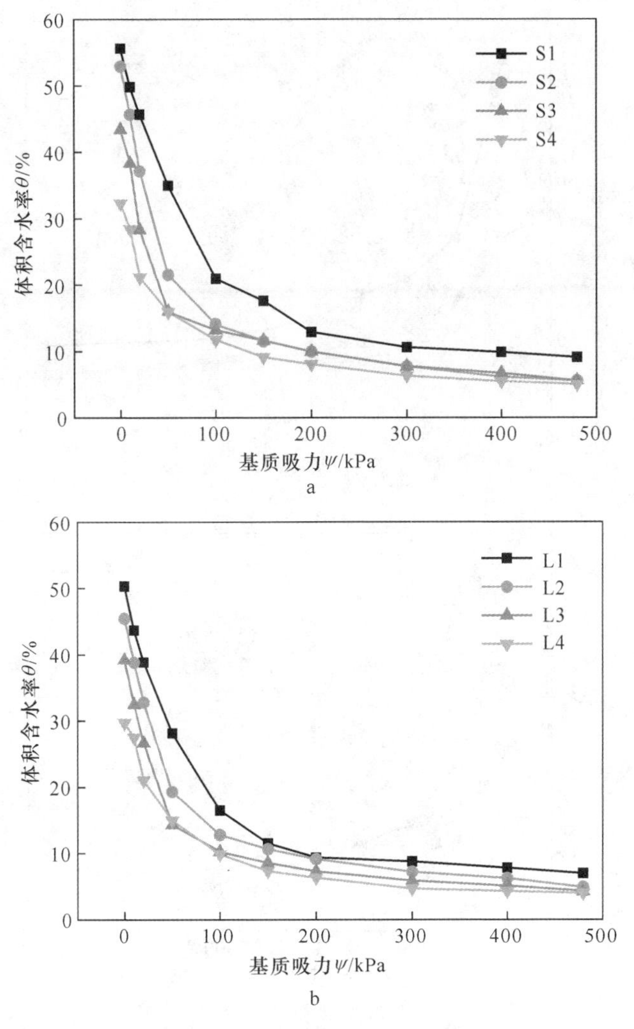

图 5-6 不同粒径土样的脱湿曲线

a—溶浸前；b—溶浸后

粒径的增大及粗颗粒含量的增多，含水率变化幅度逐渐缩小。

在溶浸之前，颗粒粒径<0.075mm 土样的脱湿曲线和吸湿曲线含水率变化幅度高达 46% 和 36%，而颗粒粒径在 0.25～0.5mm 土样的脱湿曲线和吸湿曲线含水率变化幅度为 37% 和 24%，由于原状土颗粒级配土样的粗颗粒含量增多，粒径范围增大，含水率变化幅度逐渐减小，脱湿曲线和吸湿曲线含水率变化幅度只有 27% 和 18%。在溶浸之后，颗粒粒径<0.075mm 土样的脱湿曲线和吸湿曲线含水率变化幅度为 43% 和 35%，颗粒粒径在 0.25～0.5mm 土样的脱湿曲线和吸湿曲线含水率变化幅度为 35% 和 22%，溶浸后的原状土颗粒级配土样的脱湿曲线

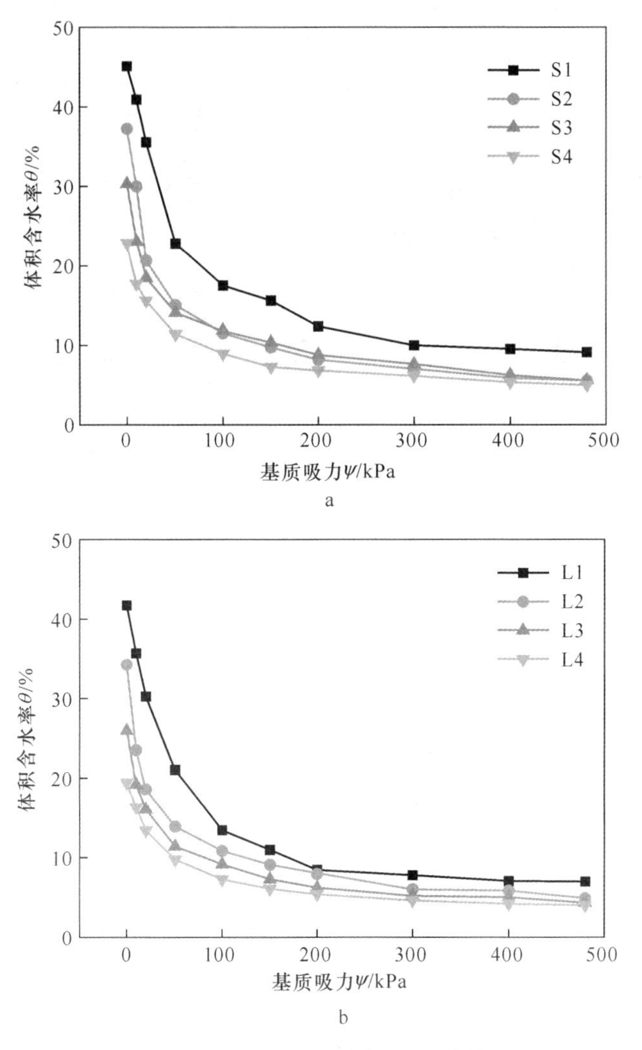

图 5-7　不同粒径土样的吸湿曲线

a—溶浸前；b—溶浸后

和吸湿曲线含水率变化幅度只有 26% 和 15%，在溶浸前后规律一致，随着颗粒粒径的增大及粗颗粒含量的增多，含水率变化幅度逐渐缩小。

5.3.2　粒径对离子型稀土持水特性的微观作用机理

在浸矿初期，矿体含水率低。对较低含水量和较高吸力值的非饱和土而言，吸力主要由土颗粒表面性质控制的相对短程吸附作用形成。当浸矿过程持续进行，土体逐渐处于近饱和状态。当非饱和土处于较高含水量之后，孔隙水主要以毛细水的形式存在，毛细效应是影响持水性能的主要原因，毛细作用主要受土颗

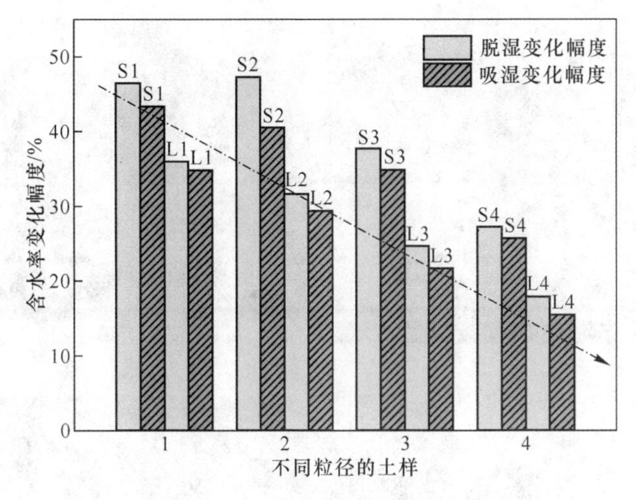

图 5-8　不同土样含水率变化幅度

粒粒径和孔隙尺寸影响。因此，在吸湿和脱湿全过程中，土粒的持水性能主要受到土颗粒的形貌、粒径大小、孔隙特征和粒间的接触关系等微观结构方面影响。

电子扫描显微镜（Scanning Electron Microscope，SEM）技术在岩（土）体微观结构分析方面已经有广泛应用。通过获取不同比例尺的照片，可以分析不同尺度上的土颗粒形貌、孔隙分布和粒间联结等微观结构特征。随着 SEM 照片图形处理技术和统计分析软件的发展，提取 SEM 图像中定量化的结构信息，有效促进了土体物理力学性能的微观尺度分析。因此，为了研究不同粒径的土颗粒表面性质对离子型稀土持水特性的作用，采用扫描电镜对粒径<0.075mm，0.075～0.25mm，0.25～0.5mm 三种不同土颗粒进行微观结构图像扫描，由于选用矿土颗粒粒径较小，放大倍数过小容易使得观察面内的颗粒形貌不全，因此选用放大倍数为 5000 倍和 10000 倍的图像进行分析，选用 PCAS 系统[169,170] 对典型 SEM 图片进行二值化处理分析，如图 5-9 和图 5-10 所示，其中黑色区域代表固体颗粒部分，白色区域代表孔隙部分，微观结构信息的定量参数见表 5-4 和表 5-5。

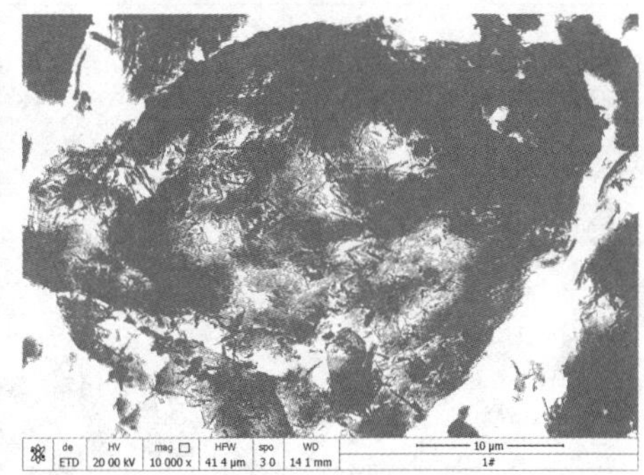

a

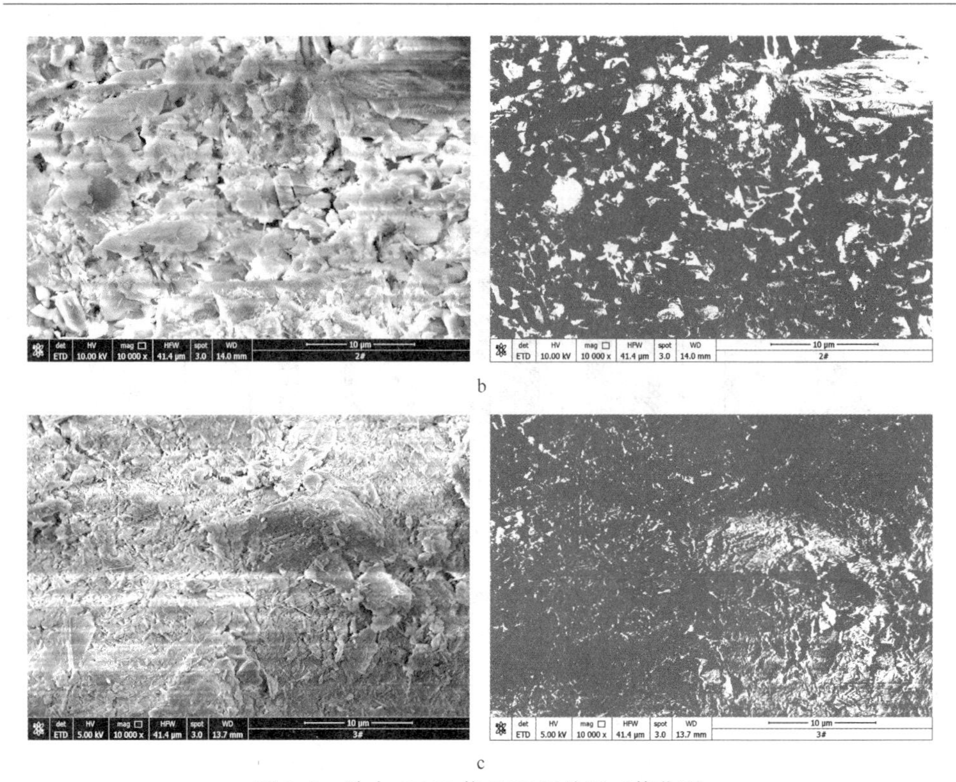

b

c

图 5-9　放大 10000 倍 SEM 图片及二值化图

a—< 0. 075mm 土样（10μm，10000 倍）；b— 0. 075 ~ 0. 25mm 土样（10μm，10000 倍）；
c— 0. 25 ~ 0. 5mm 土样（10μm，10000 倍）

表 5-4　扫描电镜微观结构定量参数（10μm，10000 倍）

土样粒径/mm	孔隙率/%	概率熵	平均形状系数
< 0. 075	31. 04	0. 9879	0. 3432
0. 075 ~ 0. 25	22. 94	0. 9891	0. 4373
0. 25 ~ 0. 5	12. 55	0. 9716	0. 3961

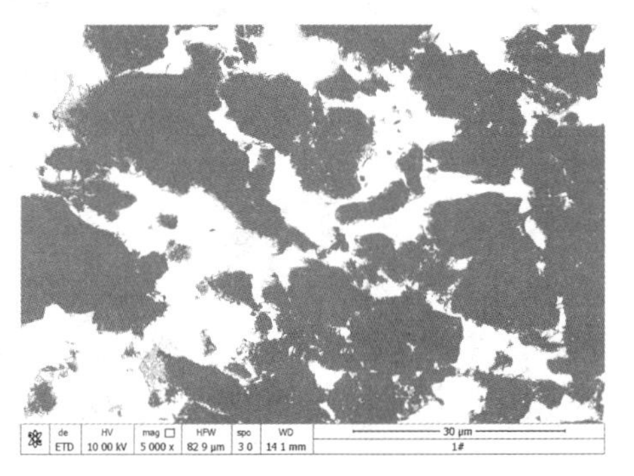

a

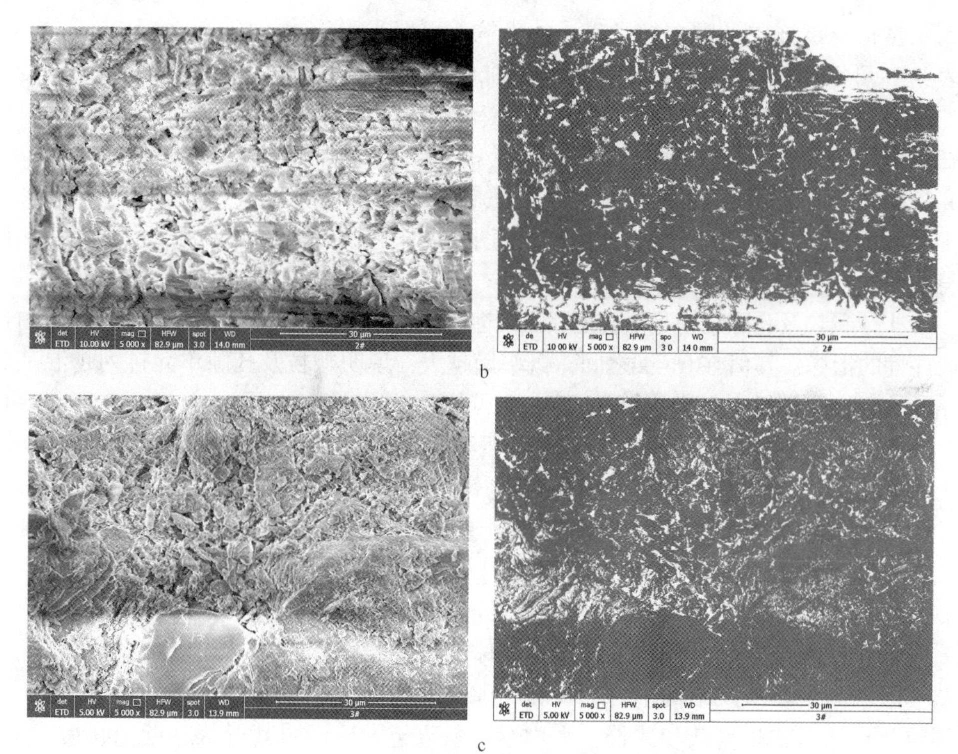

图 5-10 放大 5000 倍 SEM 图片及二值化图

a—< 0.075mm 土样（30μm，5000 倍）；b— 0.075 ~ 0.25mm 土样（30μm，5000 倍）；c— 0.25 ~ 0.5mm 土样（30μm，5000 倍）

表 5-5 扫描电镜微观结构定量参数（30μm，5000 倍）

土样粒径/mm	孔隙率/%	概率熵	平均形状系数
< 0.075	37.57	0.9909	0.4248
0.075 ~ 0.25	22.97	0.9887	0.4518
0.25 ~ 0.5	10.15	0.9942	0.4092

由图 5-9 和图 5-10 可以看出，土粒和孔隙单元体多为面-面、边-面形成的较为密集的结构，孔隙大小分布不均匀，颗粒与孔隙的结构分散度高。粒径 < 0.075mm 的土颗粒表面有大的凹型开口孔隙，孔隙发育明显，孔径较大，里面可以作为水分入渗的通道和储存的场所；粒径 0.075 ~ 0.25mm 和 0.25 ~ 0.5mm 土颗粒表面孔隙错综复杂，粒径 0.075 ~ 0.25mm 土颗粒表面开口孔隙小且多，可以吸收和容纳一定水分，0.25 ~ 0.5mm 土颗粒由大体积的团聚结构组成，排列较为紧密，表面孔隙的孔径较小，且孔道口较浅。分析可知，土颗粒的粒径越小，粒内开口孔隙越大，提供给自由水分流动和贮存的空间越宽广，因此在本组

离子型稀土试样中，颗粒粒径越小的土粒，可以吸附的水分就越多。从表 5-4 和表 5-5 可以得到，扫描电镜放大到 10000 倍的时候，粒径<0.075mm、0.075 ~ 0.25mm 和 0.25 ~ 0.5mm 的土颗粒孔隙率分别为 31.04%、22.94% 和 12.55%，扫描电镜放大到 5000 倍的时候，粒径<0.075mm、0.075 ~ 0.25mm 和 0.25 ~ 0.5mm 的土颗粒孔隙率分别为 37.57%、22.97% 和 10.15%，随着粒径的增加，土颗粒孔隙率逐渐减小，这和扫描电镜图片中土粒的形貌特征及孔隙情况也是相符的。

土体颗粒及孔隙结构是不确定和随机性的，概率熵是反映土体微观结构单元体的有序性的指标，其值在 0 ~ 1 之间，概率熵越大，说明颗粒及孔隙单元排列越混乱，结构的有序性越低。由表 5-4 和表 5-5 可知，粒径< 0.075mm、0.075 ~ 0.25mm 和 0.25 ~ 0.5mm 三种不同粒径范围土粒的概率熵变化范围很小，分析可知，粒径对土粒孔隙分布有序性影响不大。扫描电镜放大到 10000 倍时，粒径< 0.075mm、0.075 ~ 0.25mm 和 0.25 ~ 0.5mm 三种土颗粒的概率熵在 0.9716 ~ 0.9891 之间，扫描电镜放大到 5000 倍时，三种不同粒径范围土颗粒的概率熵在 0.9887 ~ 0.9942 之间，说明这些粒径土样的孔隙分布混乱，有序性差。

形状系数是刻画土颗粒及孔隙单元体形态的指标参数，平均形状系数表征了整个区域内土体微观结构中的颗粒和孔隙的几何形态。平均形状系数越小，说明颗粒及孔隙形状越复杂和狭长，平均形状系数越大，说明其形状越近似圆形。由表 5-4 和表 5-5 可知，不同粒径范围土粒的平均形状系数相差不大，扫描电镜放大到 10000 倍时，粒径< 0.075mm、0.075 ~ 0.25mm 和 0.25 ~ 0.5mm 三种土颗粒的平均形状系数在 0.3432 ~ 0.4373 之间，扫描电镜放大到 5000 倍时，三种不同粒径范围土颗粒的平均形状系数在 0.4092 ~ 0.4518 之间，说明离子型稀土的孔隙形状大多是狭窄和细长的，形状十分复杂。

根据微观结构分析可知，土颗粒粒径越大，饱和体积含水率越小，这是因为粒径大的土样，对应的孔隙率小，其孔隙里面容纳的水分越少。当土中含水率逐渐增加，孔隙水主要以毛细水的形式存在，毛细作用效应占主导作用。随着基质吸力的增加，粒径越大的土样的体积含水率曲线越平缓，因为当土颗粒粒径较大时，其孔径比则相对较小，颗粒与颗粒的直接接触也更加紧密，根据 Young-Laplace 方程：

$$u_a - u_w = T_s\left(\frac{1}{R_1} + \frac{1}{R_2}\right) \tag{5-8}$$

式中，u_a 为气相压力；u_w 为水相压力；$u_a - u_w$ 为基质吸力；T_s 为水相的表面张力；R_1 和 R_2 为交界面上的两个主曲率半径。

通过引入平均的弯液面曲率半径 R_a，方程可以简化为：

$$u_a - u_w = \frac{2T_s}{R_a} \tag{5-9}$$

土颗粒的粒径越大，平均弯液面曲率半径 R_a 会随之增大，基质吸力从而随之减小。因此，当土颗粒的粒径越小，基质吸力越大，土体的持水能力越强。这一现象与离子型稀土的双重孔隙结构有很大关系，赣南离子型稀土主要吸附在红黏土上，黏土矿物中的黏粒一般不单个出现，而是由成百上千的黏粒聚集成相当于粉粒级的集合体。这种集合体即所谓的“粒团”，是构成黏土的基本骨架。黏土中粒团间大部分孔隙为堆叠孔隙，还有一小部分为粒团内的闭口孔隙和贯通性孔隙。孔隙变形的产生与颗粒的变形、结构联结的变形密切相关，研究表明离子型稀土的孔隙分布具有比较明显的双峰性。在离子型稀土脱湿过程中，大孔隙有较小的吸力，因此先脱水，随着脱水过程的推进，一部分脱水孔隙连接贯通，形成了排水通道，在下一步的脱水过程中，水分优先从大孔径的通道流出，这样在微观上就形成了大孔隙所组成的排气通道网络，如图 5-11 所示。

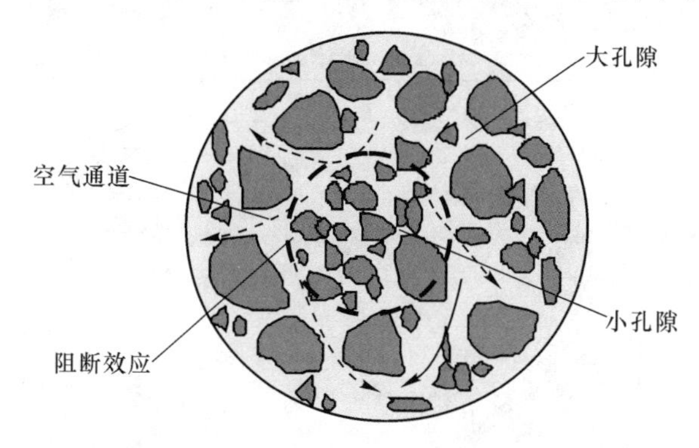

图 5-11 阻断效应示意图

由图 5-11 可知，大孔隙所形成的水分通道对其所包围的小孔隙施加了压力[171]，这样就形成了一个相对稳定的局部平衡系统，从而阻止小孔隙的排水，形成了“阻断效应”。因此，粒径越大的土样，越容易形成大孔隙的通道，其“阻断效应”越早显现，其含水率曲线越早趋于平缓。

5.3.3 溶浸对土体持水特征的影响

分别以溶浸前后的离子型稀土为研究对象，不同土样溶浸前后的土-水特性曲线如图 5-12 所示。可以看出，溶浸之前的脱湿曲线和吸湿曲线均在溶浸之后的曲线上方。溶浸前的饱和含水率在 32% ~55%，溶浸后的饱和含水率在 30% ~50%；溶浸前的最小含水率在 5% ~9%，溶浸后的最小含水率在 4% ~7%；相比溶浸后的土样，溶浸前的土样有更好的持水特性。在同一基质吸力下，溶浸后的土样比溶浸前土样的体积含水率更小，说明发生溶浸作用之后，土的持水能力下降。

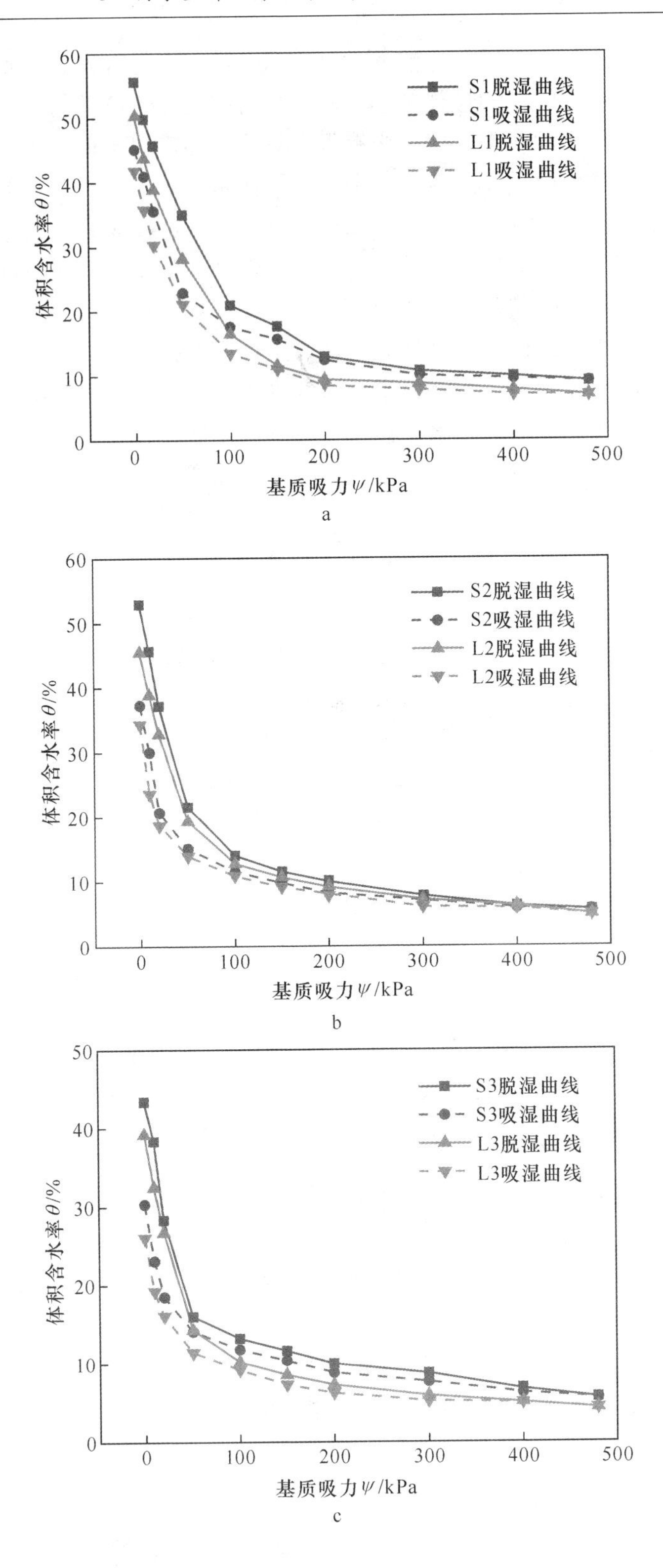
60
50
40
30
20
10
0
体积含水率θ/%
S1脱湿曲线
S1吸湿曲线
L1脱湿曲线
L1吸湿曲线
0
100
200
300
400
500
基质吸力ψ/kPa
a
S2脱湿曲线
S2吸湿曲线
L2脱湿曲线
L2吸湿曲线
b
S3脱湿曲线
S3吸湿曲线
L3脱湿曲线
L3吸湿曲线
c

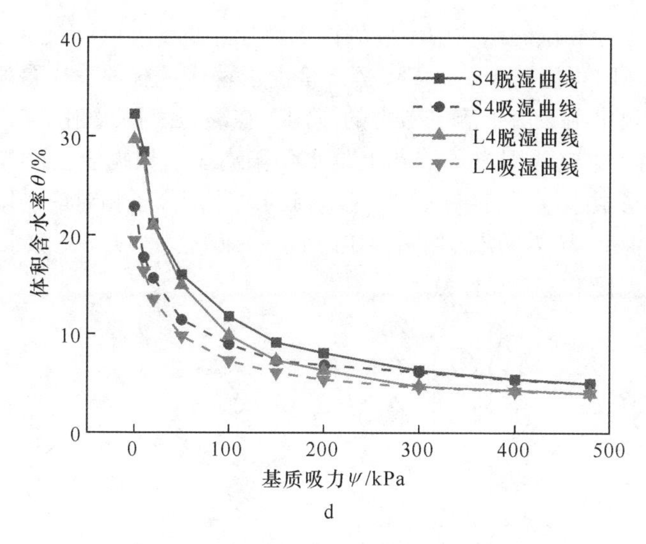

图 5-12 溶浸前后的土-水特性曲线

a—< 0.075mm；b— 0.075 ~0.25mm；c— 0.25 ~0.5mm；d—原状土颗粒级配

根据图 5-12 对比溶浸前后体积含水率的变化幅度，在溶浸之前，颗粒粒径小于 0.075mm 土样的脱湿曲线和吸湿曲线含水率变化幅度为 46% 和 36%，在溶浸之后，相应含水率变化幅度为 43% 和 35%；在溶浸之前，颗粒粒径在 0.075 ~ 0.25mm 土样的脱湿曲线和吸湿曲线含水率变化幅度为 47% 和 32%，在溶浸之后，相应含水率变化幅度为 41% 和 29%；在溶浸之前，颗粒粒径在 0.25 ~ 0.5mm 土样的脱湿曲线和吸湿曲线含水率变化幅度为 38% 和 25%，在溶浸之后，相应含水率变化幅度为 35% 和 22%；在溶浸之前，原状土颗粒级配土样的脱湿曲线和吸湿曲线含水率变化幅度只有 27% 和 18%，溶浸后，相应含水率变化幅度只有 26% 和 15%。由此可知，溶浸后的土样普遍比溶浸前的土样含水率变化幅度更小，说明溶浸后土体吸纳水分的幅度有所减小，进而也说明了发生溶浸作用后，土体吸持和释放水分的能力有所下降。

5.3.4 溶浸对离子型稀土持水特性作用机理

粉质黏土具有颗粒细、孔隙小而多，含水率高的特点，压缩特性和力学特性受含水率影响大。离子型稀土中稀土离子以水合阳离子或羟基水合阳离子形式吸附在黏土上，根据现有资料和试验结果表明，它主要吸附在细粒土的表面。稀土离子与黏土矿物的交互作用并不是通过改变或破坏矿物晶格结构来改变黏土的物理力学性质，而是呈吸附状态存在于黏土矿物中，通过改变双电层的厚度来改变粒间的黏结状态及粒间力，进而影响土的物理力学性质。

黏土粒子不溶于水，通常以悬浮的形式存在于水中，不同粒子在水溶液中带有不同的电性。在黏土的结构中，硅氧四面体层中的 Si^{4+} 可能被 Al^{3+} 替代，铝氧八面体层中的 Al^{3+} 可能被 Mg^{2+}、Fe^{2+} 等二价离子替代，这种替代置换会使得黏土粒子表面带有负电荷。由于静电引力的作用，在黏粒表面吸附了 K^{+}、Na^{+}、Ca^{2+} 及 RE^{3+} 等阳离子，这些阳离子实际上是水化阳离子。根据土力学相关理论，在黏土粒子表面形成了一层负电荷与带正电荷的水化阳离子相对应的阳离子层（反离子层）合起来称为双电层，如图 5-13 所示。双电层厚度与孔隙水中离子价数、离子浓度以及温度和 pH 值有关。

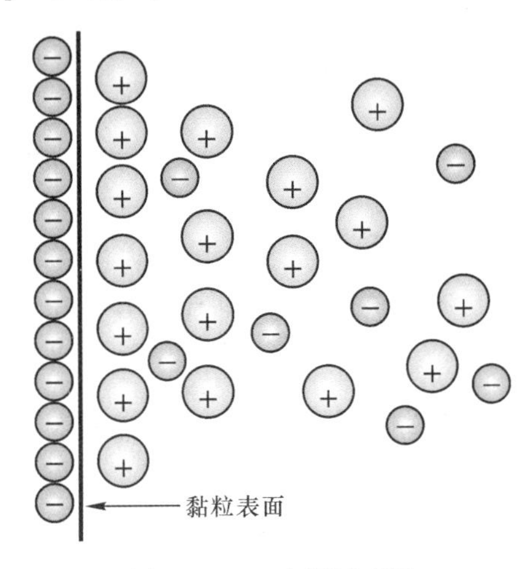

图 5-13　双电层示意图

当离子稀土在溶浸过程时，组成双电层的反电子层的离子类型和离子浓度发生变化，有些离子从自由溶液中进入反离子层，有些离子则从反离子层跑到自由溶液中，这种化学置换作用实际上是离子交换。原地浸矿开采稀土即是硫酸铵溶浸液中铵根离子进入附有稀土离子 RE^{3+}（反离子层）的黏土矿物，铵根离子吸附到黏土颗粒表面上去，把稀土离子 RE^{3+} 从反离子层交换下来，如图 5-14 所示。

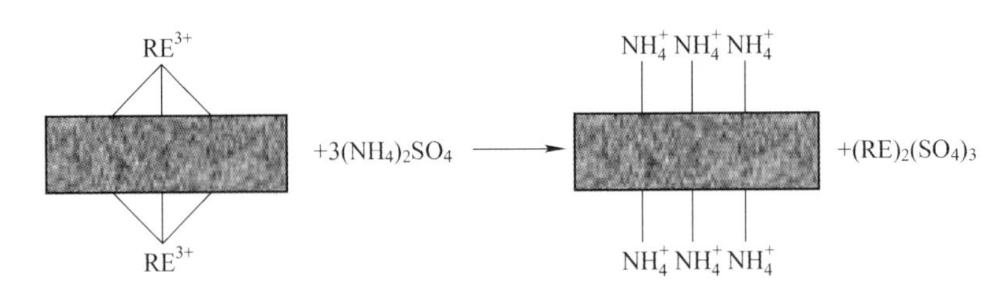

图 5-14　浸矿的离子交换反应示意图

根据双电层厚度的影响因素分析，孔隙水中阳离子价数越低，双电层越厚；离子浓度越低，双电层越厚。在溶浸作用下，高价的稀土离子置换成了低价的铵根离子，稀土及铝等其他金属离子被化学作用置换出来，离子浓度显著降低，故双电层厚度增加。根据水膜相关理论[172,173]，随着双电层的增厚，孔隙水压力 u_w 增加，基质吸力（u_a-u_w）减小，离子型稀土在溶浸后土体的持水能力下降，与试验结果中宏观持水特性吻合。从吸附水机制来看，随着水膜厚度的增加，从晶层到颗粒之间，水合楔力不断增大，从而导致体积膨胀发展，固体颗粒占据原本是孔隙的体积，水分容纳能力减小。另一方面，颗粒间的双电层增加土体的变形，土颗粒骨架抵抗变形的能力增强，宏观上表现为土颗粒骨架更不容易压缩，根据毛细模型，土中孔隙水更难吸附在土粒表面，同一基质吸力下，溶浸后土体的含水率更低，即土体的持水能力下降。

本章小结

（1）用 Fredlund & Xing 3 参数模型、Fredlund & Xing 4 参数模型和 Van Genuchten 4 参数模型都可以很好地拟合离子型稀土土-水特征曲线，在实际应用工程中，Fredlund & Xing 3 参数模型因为模型参数少，计算更加简便，但是 Fredlund & Xing 3 参数模型无法直接估算残余含水率，Fredlund & Xing 4 参数模型可以估算残余含水率。

（2）在土体内处于较低含水量和较高吸力值时，吸力主要由土颗粒表面性质控制的短程吸附作用形成，根据土体微观结构分析，土颗粒的粒径越小，颗粒表面开口孔隙越大，提供给自由水分流动和贮存的空间越宽广，因此颗粒粒径越小的土粒，可以吸附的水分就越多。粒径对土粒孔隙分布有序性影响不大，土颗粒的孔隙分布混乱，有序性低，孔隙大多是狭窄和细长的，形状十分复杂。

（3）在相同基质吸力下，粒径越小及细颗粒含量越多，土的含水率越大，土的持水能力越大。在相同体积含水率情况下，基质吸力与粒径大小成反比。当土体处于高含水量之后，孔隙水主要以毛细水形式存在，土颗粒的粒径越大，平均弯液面曲率半径 R_a 随之增大，基质吸力从而随之减小。在脱湿和吸湿过程中，随着粒径增加及粗颗粒含量的增多，含水率变化幅度逐渐减小。

（4）在相同基质吸力下，相比溶浸之前的土样，发生溶浸作用后的土样含水率更小，说明溶浸会使土的持水能力减小。在脱湿和吸湿过程中，溶浸后的含水率变化幅度小于溶浸前的含水率变化幅度。

（5）根据水膜理论，溶浸作用使得双电层厚度增加，孔隙水压力增加，基质吸力减小，导致溶浸后土体的持水能力下降，可以合理地解释离子型稀土在溶浸情况下持水特性作用机理。

6 离子型稀土分形特性及土-水特征曲线预测

离子型稀土的土-水特征曲线，能够反映土体中水分随基质吸力的变化规律，进而反映土体中孔隙水变化的难易程度。根据离子型稀土的土-水特征曲线模型，可以进一步计算非饱和土的强度、变形和渗透系数，可见土-水特征曲线研究的重要性。随着对土-水特征曲线的深入研究，许多学者提出了相应的数学模型用来估算 SWCC，但是许多模型属于经验性公式，需要通过大量试验数据进行拟合分析，且模型参数没有明确的物理含义并难以测量。土-水特征曲线的测定往往耗费周期长，测试成本高，并且受空间变异的影响大，测试结果易产生误差，因此，研究者们开始通过建立土-水特征曲线与其他较易测量的土体特性如颗粒质量分布、孔隙体积分布、孔隙表面等之间关系，寻找到间接的方法快速获得土-水特征曲线。

分形理论（Fractal Theory）是一门新兴的非线性学科，在 20 世纪 80 年代由著名科学家 Mandelbrot 建立起来。分形是具有自相似的一类几何形状，也可以用数学方法来生成，如康托集（Cantor set）、柯赫曲线（Koch curve）、谢尔宾斯三角垫（Sierpinski triangle gasket）及混沌吸引子[174]。分形几何在土力学中的应用表明，土体结构的诸多要素，如颗粒粒径、孔隙大小、表面积、体积及其分布等，往往具有高度自相似的分形特征[175,176]，而 SWCC 与土体结构密切相关，亦具有分形特性[177]。利用分形理论建立数学模型来预测非饱和土的 SWCC，模型中的分形参数具有明确物理意义，因而是研究 SWCC 的热点方法之一。目前非饱和土 SWCC 的分形模型主要包括三大类：土颗粒质量分布、孔隙表面和孔隙体积分布模型[178]。SWCC 模型通常表示为含水率与基质吸力的幂函数关系，针对该函数的指数计算，可以通过计算相关模型的分形维数间接获取。因为土颗粒质量分布通常可以通过颗粒级配试验获得，在应用上最为简便。但许多研究者发现，在不同粒径范围内的土体存在不同的分形维数，分形维数对于 SWCC 分形模型的适用性至关重要。在工程实际中，不同离子型稀土矿山的土颗粒大小及级配差别较大，因此研究单粒级离子型稀土 SWCC 分形特性，可为分析其他级配的土体持水特性提供理论基础。

本章取江西龙南足洞稀土矿区土样进行粒径筛分，选取不同粒径范围的单粒级土样，采用粒度分析仪测得颗粒级配分布，根据 PSD 分形模型计算分形维数；

用压力板仪得到基质吸力与含水率的关系，揭示单粒级土持水性能变化规律，推算 SWCC 的特征值；基于 PSD 分形维数和 PSF 模型，得到单粒级离子型稀土 SWCC 预测模型，通过预测值与实测值比较，验证该模型的合理性。

6.1　理论模型

6.1.1　多孔介质分形理论框架

在欧几里得（Euclidean）空间中，存在一个 D 维高度自相似对象，其分形构造如下：首先，在欧氏维数 d 的空间中定义线性尺寸为 L 区域的初始对象，该区域可分为 N 个等分区域，每个区域的线性尺寸为 L/n，构成整个初始区域，如图 6-1a 所示。其次，在初始对象上生成分形体，将 N 个等分区域分为两部分：分形体区域 Nz 和不参加分形的区域 $N(1-z)$，如图 6-1b 所示，其中子区域 $z<1$，定义 $N(1-z)$ 子区域内的图案，再定义将重复整个形状的 Nz 子区域的位置。然后，按照递归循环过程，分形体用相同减少比率 $1/n$ 去替换 Nz 的每个子区域，依此类推到第 i 步分形体，图 6-1c 为 $i=2$ 时分形体。

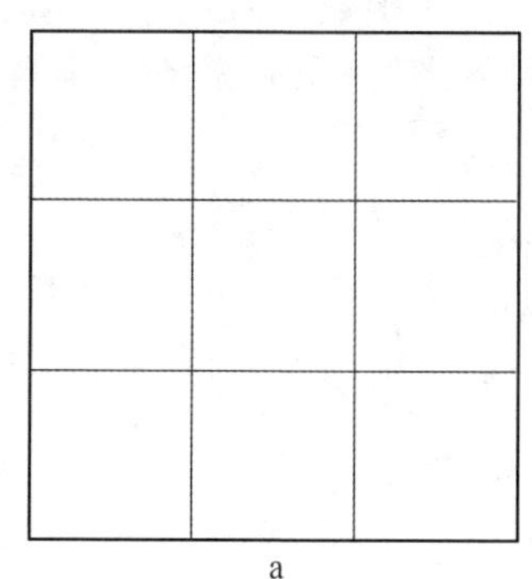
a

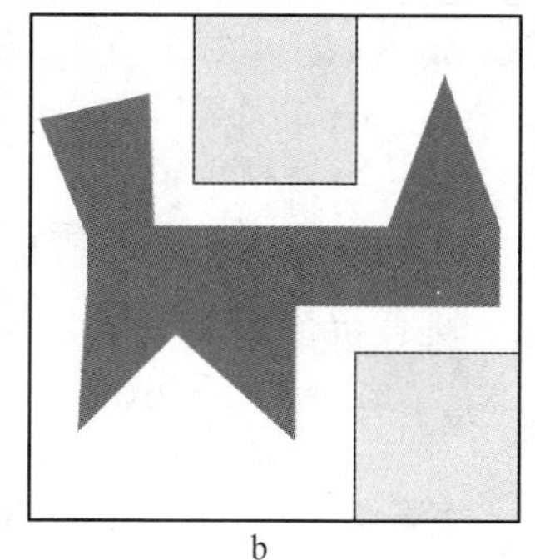
b

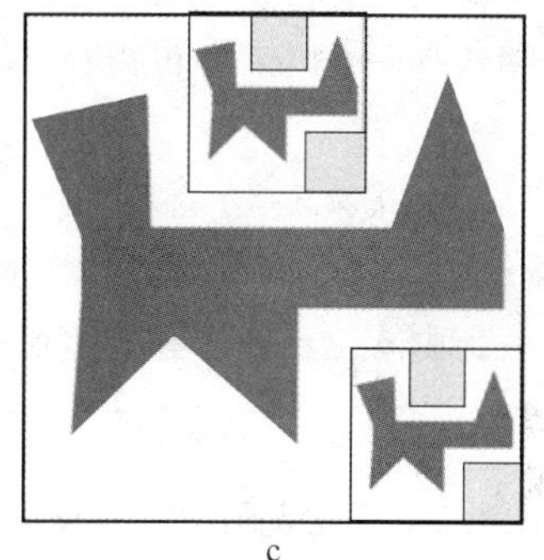
c

图 6-1　分形模型基本构造

a—初始区域；b—$i=1$ 分形体；c—$i=2$ 分形体

（该图形中，欧氏维数 $d=2$，该区域等分数 $N=9$，线性等分数 $n=3$，分形体占比 $z=2/9$，分形体数量 $Nz=2$，分形维数 $D=\lg2/\lg3=0.631$）

将整个初始对象进行分形划分为若干个最小子区域，可知 $N(L/n)^d=L^d$，从而得到：

$$N = n^d \tag{6-1}$$

根据重复次数和相似比，可得分形维数 D：

$$D = \frac{\lg(Nz)}{\lg(n)} \tag{6-2}$$

对上式进行变化，可得：

$$Nz = n^D \tag{6-3}$$

联立式（6-1）和式（6-3），可得：

$$z = n^{D-d} \tag{6-4}$$

$$nz = n^{D-(d-1)} \tag{6-5}$$

设 $N(r_i)$ 为在分形结构发展中每个步骤 i 创建的区域大小 r_i 的尺度数量（复制数），r_i 的定义式为：

$$r_i = L(n)^{-i} \quad 或 \quad n^i = L/r_i \tag{6-6}$$

在第 1 步中，把整个区域分为若干个 r_1 尺度，尺度数量（复制数）为：$N(r_1) = Nz$，在第 2 步迭代中，再继续在每个 r_1 尺度中创建 Nz 个 r_2 尺度，则在第 i 步迭代中有：

$$N(r_i) = NzN(r_{i-1}) = Nz(Nz)^{i-1} = (Nz)^i \tag{6-7}$$

联立式（6-3）和式（6-6）可以得到：

$$N(r_i) = (Nz)^i = (n^D)^i = (n^{-i})^{-D} = L^D r_i^{-D} \tag{6-8}$$

式（6-8）表示分形的尺度数量与尺寸大小之间的幂律关系，其中 D 是分形维数。

同理，分形对象的几个参数也可以表示为尺度 r_i 的幂律函数，由式（6-1）和式（6-6）推导可得：

$$N^i = L^d r_i^{-d} \tag{6-9}$$

由式（6-4）和式（6-6）推导可得：

$$z^i = L^{D-d} r_i^{D-d} \tag{6-10}$$

由式（6-5）和式（6-6）推导可得：

$$(nz)^i = L^{D-(d-1)} r_i^{(d-1)-D} \tag{6-11}$$

6.1.2 粒径分布 PSD 模型

粒径分布（Particle-size Distribution，PSD）是指不同粒径土体质量占总质量的百分比，属于表示土体基本物理特性的参数之一。Tyler 和 Wheatcraft[104] 假设土粒密度恒定，推导出了粒径分布的分形模型（PSD 模型），该模型为幂函数的表达式。只需通过土的颗粒分析试验获取每个粒径区间的土体质量，绘制累计颗粒质量与粒径关系的颗粒级配曲线，就可以估算以土颗粒质量分布来表征的分形维数。设 d_M 和 d_m 分别为土粒的最大粒径和最小粒径，d_i 为第 i 级筛孔直径（$i = 1, 2, \cdots, n$），假设不同粒径的颗粒相对密度和形状可以忽略不计，则土粒累计质量与粒径之间的关系可以用 PSD 分形模型进行表征，该模型表达式如下：

$$\frac{M(\delta < d_i)}{M_T} = \left(\frac{d_i}{d_M}\right)^{3-D} \tag{6-12}$$

式中，M_T 为土粒的总质量；δ 为描述粒径大小的尺寸；$M(\delta < d_i)$ 为粒径小于 d_i 的土粒累计质量；D 为分形维数。

为了求解分形维数 D，将式（6-12）两边取对数进行变换，得：

$$3 - D = \frac{\lg \dfrac{M(\delta < d_i)}{M_{\mathrm{T}}}}{\lg\left(\dfrac{d_i}{d_M}\right)} \tag{6-13}$$

由式（6-13）可知，利用 PSD 数据，以 $\lg(d_i/d_{\mathrm{M}})$ 为横坐标，$\lg[M(\delta < d_i)/M_{\mathrm{T}}]$ 为纵坐标，在双对数坐标轴上绘制 PSD 曲线，若各粒组质量分数存在严格自相似的分形特征，则双对数坐标上的 PSD 曲线是一条近似直线，直线斜率为 $k=3-D$，进而可计算出分维数 $D=3-k$。对于给定的各粒径范围内土颗粒质量数据，分别在半对数坐标轴和双对数坐标轴上绘制不同 D 值的 PSD 曲线，如图 6-2 所示[179]。可以看出，在半对数坐标轴上是一组凹型曲线，与习惯用的颗粒级配曲线相一致。因为 PSD 定义的分形关系具有明确的物理意义（几何意义），已得到了广泛应用。

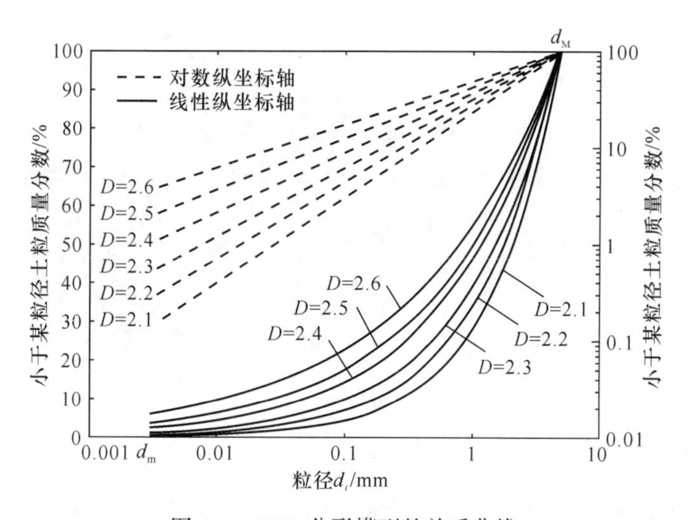

图 6-2 PSD 分形模型的关系曲线

6.1.3 Van Genuchten 土-水特征曲线模型

根据第 5 章，通过对离子型稀土的土-水特征曲线的模型分析可知，经典的 Fredlund & Xing 模型和 Van Genuchten 模型拟合效果均较好，Fredlund & Xing 3 参数模型在第 4 章已经介绍，在此不再赘述研究，本章选用 Van Genuchten 模型进行计算，为了进一步优化，假设不考虑残余饱和度和残余基质吸力的影响，对 Van Genuchten 模型进行修正，剔除残余含水率的参数，图 6-3 为典型的 Van Genuchten 模型土-水特征曲线示意图。

修正的 Van Genuchten 模型是一个平滑的、封闭的 3 参数数学模型，其表达

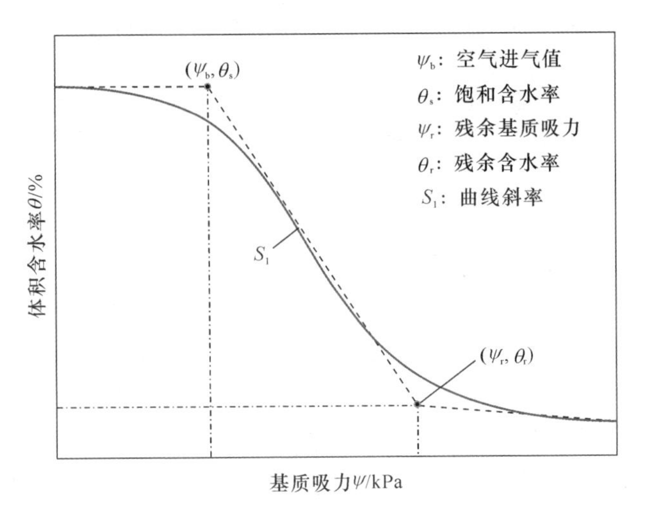

图 6-3　土-水特征曲线示意图

式如下：

$$\theta = \frac{\theta_s}{[1 + (a\psi)^n]^m} \tag{6-14}$$

式中，θ 为非饱和土的体积含水率；θ_s 为饱和含水率；ψ 为土体基质吸力；a，n 和 m 为模型三个拟合参数。通常认为：

$$m = 1 - \frac{1}{n} \tag{6-15}$$

式中，参数 $1/a$ 与空气进气值相关；n 为减湿率的相关参数，控制土-水特征曲线的斜率；m 与曲线的整体对称性有关。

6.1.4　基于 PSF 的土-水特征曲线模型

通常认为，土体是由固相、液相和气相组成的三相体系。Perrier 等[180] 提出了一种孔隙-固体分形模型（Pore-solid Fractal，PSF 模型），模型中孔隙、固体颗粒、混合体（分形体）共存，孔隙和固体颗粒不变，仅有代表包含孔隙和固体颗粒的混合体参与下一级迭代。设土体孔隙 P、固体颗粒 S 和混合体（分形体）F 三部分相对应比例分别为 p、s 和 f，如图 6-4 所示，则有：

$$p + s + f = 1 \tag{6-16}$$

设初始分形体的初始特征长度为 L，则下一级分形体中特征长度为：

$$L_{f(1)} = \alpha L \tag{6-17}$$

式中，α 是相似比。分形集 F 满足：

$$N_f = \alpha^{-D} \tag{6-18}$$

式中，D 为土体质量的分形维数或孔隙体积分布的分形维数。

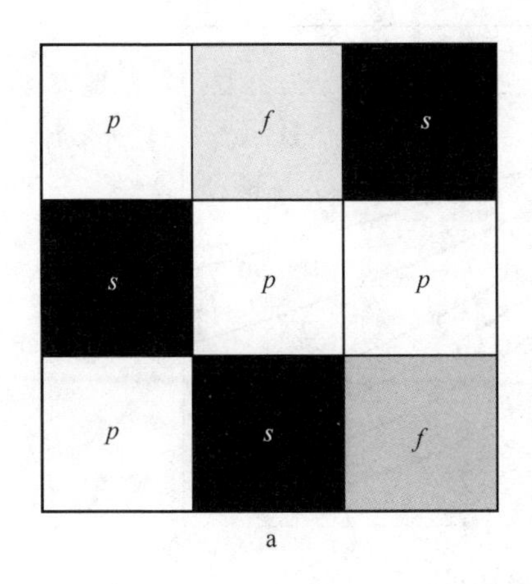

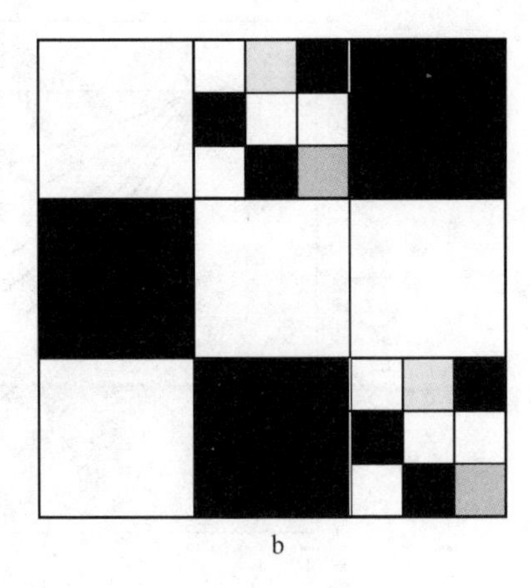

a b

图 6-4 PSD 模型分形体构成示意图

a—原始模型（$i=1$）；b—分形后的模型（$i=2$）

分形集 F 所占比例 f 为：

$$f = N_{\mathrm{f}}\left(\frac{L_{\mathrm{f}(1)}}{L}\right)^3 = \alpha^{3-D} \tag{6-19}$$

土中孔隙体积为：

$$\varphi(i) = p + fp + f^2p + \cdots + f^{i-1}p = p\left(\frac{1-f^i}{1-f}\right) \tag{6-20}$$

根据式（6-20）可知第 i 级的孔隙率为：

$$\varphi(i) = \frac{p}{p+s}(1-f^i) \tag{6-21}$$

该模型可以同时模拟土中孔隙和固体颗粒的大小分布，为自相似多尺度土体结构的建模提供了更加广泛的应用范围。由于模型中孔隙和固体颗粒的分形缩放性质相同，因而土体的孔隙体积分形和土体质量分布分形具有相同的分维数。Bird 等[181] 基于 PSF 模型推导出了一种以土体质量分形维数表征的土-水特征曲线模型。即：

$$\frac{\theta}{\theta_{\mathrm{s}}} = \left(\frac{\psi}{\psi_{\mathrm{b}}}\right)^{D-3} \tag{6-22}$$

式中，θ 为非饱和土的体积含水率；θ_{s} 为饱和含水率；ψ 为土体基质吸力；ψ_{b} 为土体的进气值；D 为分形维数。

式（6-22）通过幂律关系刻画了土-水特征曲线模型，在描述脱湿和吸湿过程时 D 值保持不变。已知非饱和土体的饱和含水率 θ_{s} 和进气值 ψ_{b}，可以采用不同的 D 值预测土-水特征曲线，如图 6-5 所示[111]，D 值的大小对于预测结果影响显著。当 $\psi \leqslant \psi_{\mathrm{b}}$ 时，含水率近似为饱和含水率 θ_{s}，此段的土-水特征曲线近似为一条水平直线。

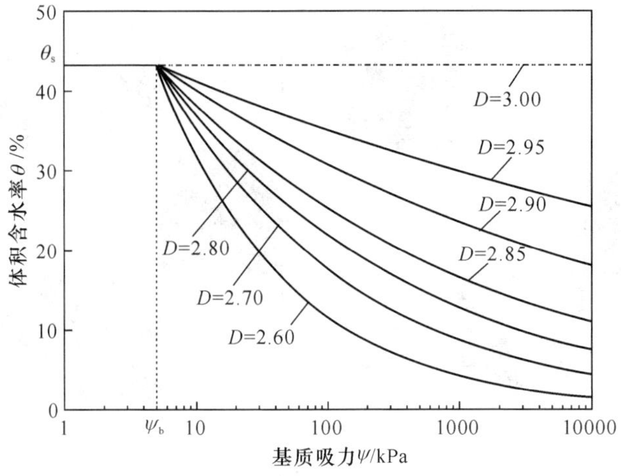

图 6-5　分形理论定义的土-水特征曲线

6.2　试验材料与方法

6.2.1　粒度分析试验装置

通过筛分法和激光粒度仪进行粒径分布测试，对于粗颗粒土使用筛分法，对于细颗粒土采用激光粒度仪，本试验采用 BT-2002 型激光粒度分析仪（如图 6-6 所示），主要包括光学测定与信号转换装置、样品制备系统和计算机分析系统，它是利用土体颗粒能使激光产生衍射和散射现象来测定粒度分布的，测量的范围在 1 ~ 2600μm。SWCC 试验采用 Geo-Expert 土-水特征曲线压力板仪系统，该仪器的组成和功能详见第 5 章。

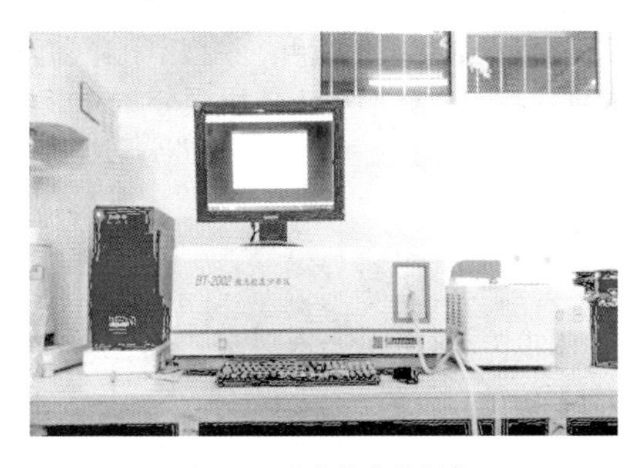

图 6-6　激光粒度分析仪

6.2.2　试验材料

试验土样取自江西龙南足洞矿区，其基本物理性质见第 5 章所述。按照土的分类标准，该土样属于粉质黏土。将稀土试样烘干，捣碎，过标准圆孔筛，分别得到不同粒径范围的土样。采用3种单粒级土样：<0.075mm，0.075～0.25mm，0.25～0.5mm（如图6-7所示）进行PSD试验和土水特征试验。当只含有>0.5mm颗粒的单粒径土样黏聚性差，近砂土性质，与本书所取土样的工程性质相差大，故本章未考虑。在进行颗粒级配分布试验时，测试3组平行数据，从而减小试验误差。通过筛分法得到粗颗粒级配分布，采用激光粒度仪获取细颗粒的粒径分布，然后通过缩尺方法综合分析所选土样的颗粒级配分布。

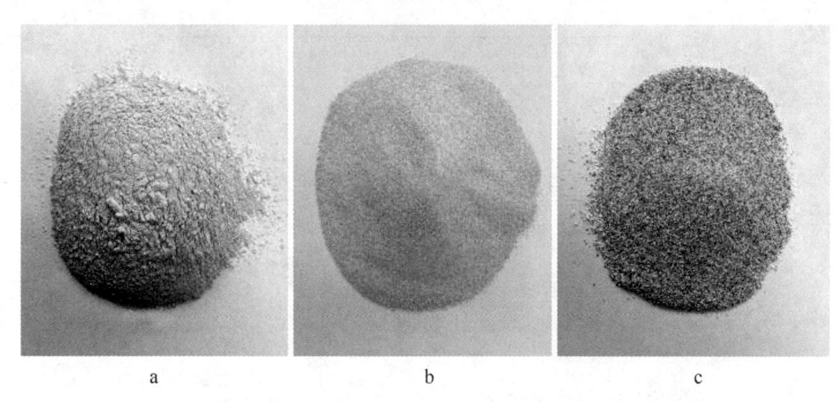

图6-7　三种不同粒径范围的单粒级稀土样

a—S1（<0.075mm）；b—S2（0.075～0.25mm）；c—S3（0.25～0.5mm）

6.3　结果分析

6.3.1　PSD分形特性

为了验证PSD的分形特性并估算其分形维数，对三组平行的颗粒级配分布试验数据进行分析。利用以上PSD数据，以 $\lg(d_i/d_M)$ 为横坐标，$\lg[M(\delta < d_i)/M_T]$ 为纵坐标，然后进行线性拟合得到图6-8。设直线斜率为 k，则分形维数 $D=3-k$，拟合直线斜率、分形维数、相关系数见表6-1。从拟合结果来看，<0.075mm、0.075～0.25mm、0.25～0.5mm三种土样PSD数据都可以拟合成直线，相关系数 R^2 均在0.95以上，呈现良好的分形特性，分形维数在2.546～2.591之间。不同粒径范围内的土样具有不同的分形维数，粒径越小的区域，分形维数越大，粒径<0.075mm土样的分形维数为2.591，其数值最大；粒径0.25～0.5mm土样的分形维数为2.546，其数值最小。可见，分形维数的大小与土的粒级有关，分形维数可以表征土的粒级范围大小，分形维数越大表示土的粒级越小，反之则土的粒级越大。

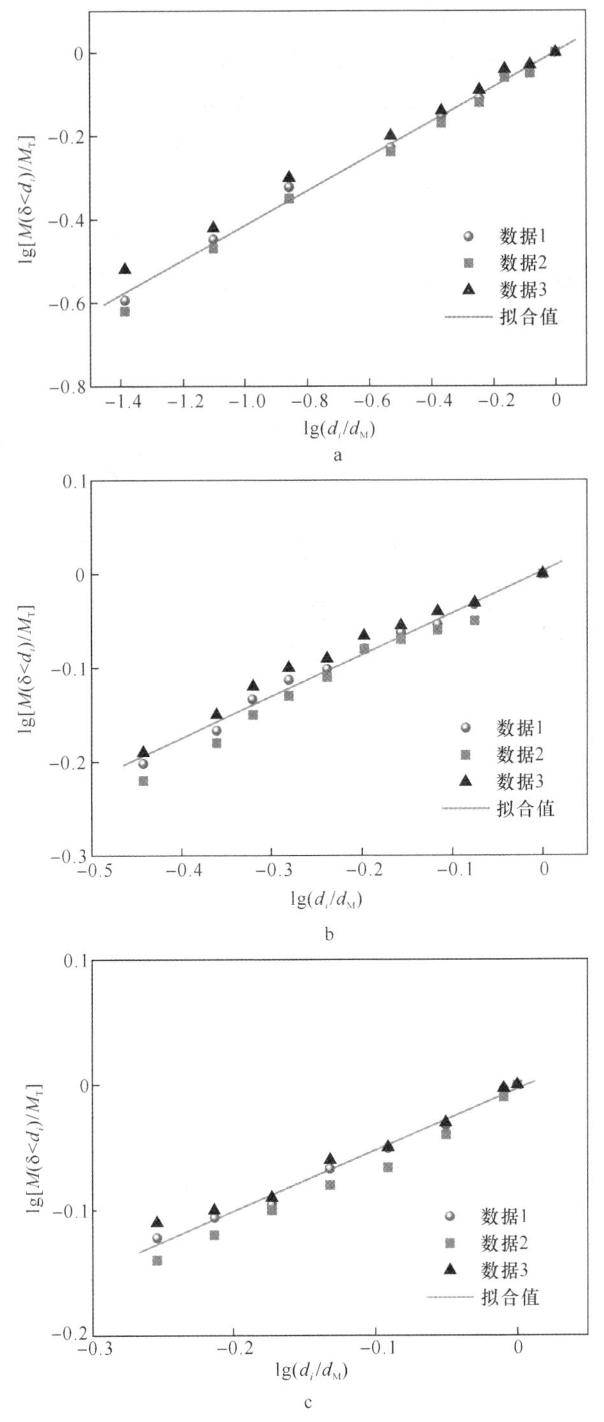

图 6-8　不同土样 $\lg(d_i/d_M)$ ～ $\lg[M(\delta < d_i)/M_T]$ 关系曲线

a—< 0.075mm；b— 0.075 ~0.25mm；c— 0.25 ~0.5mm

表 6-1 不同粒径范围土粒的分形维数

土样	粒径范围/mm	斜率 k	分形维数 D	相关系数 R
S1	<0.075	0.409	2.591	0.986
S2	0.075～0.25	0.432	2.568	0.963
S3	0.25～0.5	0.454	2.546	0.959

6.3.2 土水特性

为探究不同粒径离子型稀土的土水特性，采用压力板仪进行试验，测量粒径＜0.075mm、0.075～0.25mm、0.25～0.5mm 三种土样在不同基质吸力下的体积含水率，并通过 Van Genuchten 模型拟合得到的脱湿和吸湿过程的土-水特征曲线，如图 6-9 所示。可以看出，在脱湿和吸湿过程中，曲线均呈现三阶段变化特征：第一阶段是边界效应区，基质吸力从 0～10kPa，含水率变化缓慢，是土-水特征曲线第一个平缓段，此时土体的孔隙中全部充满水，土颗粒与水接触连通，土中含水率接近于饱和含水率，土体性质近似饱和土性质。第二阶段是非饱和的过渡区，基质吸力从 10～200kPa，土体的含水率随着基质吸力增加而快速降低，SWCC 在半对数坐标上近似为一条直线。第三阶段是残余阶段区，基质吸力大于 200kPa 以后，含水率降低得较慢，变化幅度比较平缓，含水率逐渐减少到残余含水率，逐渐进入残余阶段区，此时孔隙水仅残存于小孔隙中，需要增加特别大的基质吸力才能使含水率继续减小，残余阶段区是 SWCC 的第二个平缓段，因本试验所采用的压力板仪量程有限，无法全过程测量到残余阶段区，但是变化趋势可以预见。

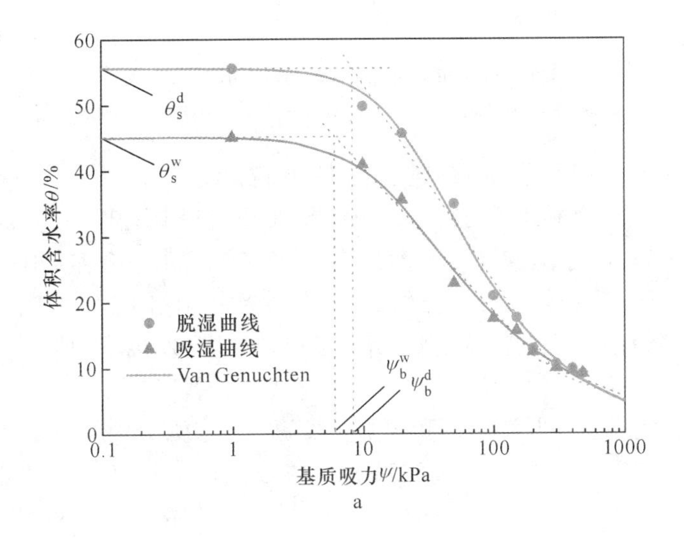

a

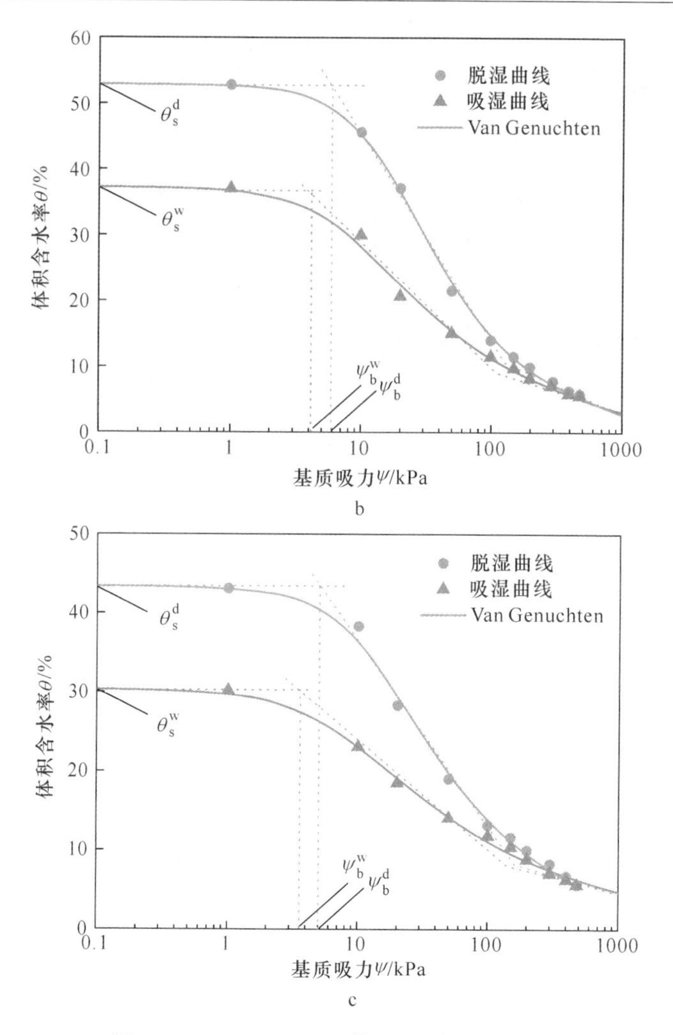

图 6-9　Van Genuchten 模型土-水特征曲线

a— < 0.075mm；b— 0.075 ~ 0.25mm；c— 0.25 ~ 0.5mm

在同一基质吸力下，土样粒级越小，即颗粒粒径越小及细颗粒含量越多的土样，土的含水率越大，土的持水能力越大，在脱湿和吸湿过程中规律一致。随着土样粒级增加，即土颗粒粒径的增加及细颗粒含量的减小，土的含水率逐渐减小，土的持水能力随之减小。根据 Young-Laplace 方程可知，基质吸力与液固交界面上的两个主曲率半径成反比，随着土颗粒的粒径增加，其孔径相应增大，使得基质吸力减小，进而持水能力减弱。在脱湿和吸湿过程中，脱湿曲线和吸湿曲线存在明显的滞回现象。

不同粒径范围土样脱湿曲线和吸湿曲线的特征参数分别见表 6-2 和表 6-3，在脱湿和吸湿过程中，粒径< 0.075mm 单粒级土样的饱和体积含水率分别为 55.61% 和 45.11%，0.25 ~0.5mm 单粒级土样的饱和体积含水率分别为 43.37%

和30.33%，可以看出单粒级土随着粒径增大，饱和含水率逐渐减小。在脱湿和吸湿过程中，粒径<0.075mm单粒级土样的进气值分别为8.24kPa和6.03kPa，0.25~0.5mm单粒级土样的进气值分别为4.98kPa和3.78kPa，说明单粒级土随着粒径增大，进气值逐渐减小。结果显示，随着粒径增大，拟合参数 a 逐渐增大，参数 m、n 逐渐减小。

表6-2 不同粒径范围土样的脱湿曲线参数

土样	粒径范围/mm	脱湿曲线					
		θ_s^d /%	ψ_b^d /kPa	a_d	m_d	n_d	R_d^2
S1	<0.075	55.61	8.24	0.0042	0.4076	1.6629	0.9941
S2	0.075~0.25	52.91	5.95	0.0101	0.4031	1.6754	0.9984
S3	0.25~0.5	43.37	4.98	0.0181	0.3575	1.5564	0.9946

表6-3 不同粒径范围土样的吸湿曲线参数

土样	粒径范围/mm	吸湿曲线					
		θ_s^w /%	ψ_b^w /kPa	a_w	m_w	n_w	R_w^2
S1	<0.075	45.11	6.03	0.0126	0.3417	1.5190	0.9946
S2	0.075~0.25	37.24	4.21	0.0462	0.3204	1.4715	0.9925
S3	0.25~0.5	30.33	3.78	0.0773	0.2682	1.3664	0.9952

由表6-1~表6-3综合分析可以看出，分形维数与土水特征参数之间也存在相关性，饱和含水率和进气值随着分形维数的增大而提高，分析认为，分形维数 D 越大，颗粒的粒径范围越小，细颗粒较粗颗粒的单位比表面积更大，其吸附能力就越强，从而使土体的持水能力增加，饱和含水率随之增大。同时在相同干密度条件下，土的粒径越小，密实度越大，孔隙的孔径就越小，这样使得土中的进气值越高，越不易排水，即分形维数 D 越大，进气值越大。

6.3.3 SWCC分形预测

为了探明SWCC的分形特性，利用PSD模型的分形维数和式（6-22）对上述土-水特征曲线进行预测，可以得到图6-10。结果显示，预测的脱湿曲线和吸湿曲线形状非常相似，在基质吸力小于空气进气值时，是一条近似水平直线，当基质吸力大于空气进气值时，体积含水率与基质吸力的幂律关系呈现减函数形式。预测结果与实测数据进行比较，预测值和实测值之间存在较好的相关性，在试验所施加的基质吸力范围内，脱湿曲线预测值与实测值的误差小于12%，吸湿曲线预测值和实测值的误差小于15%。因为预测结果和实测值吻合度较高，故可以通过此分形方法预测离子型稀土的土-水特征曲线。

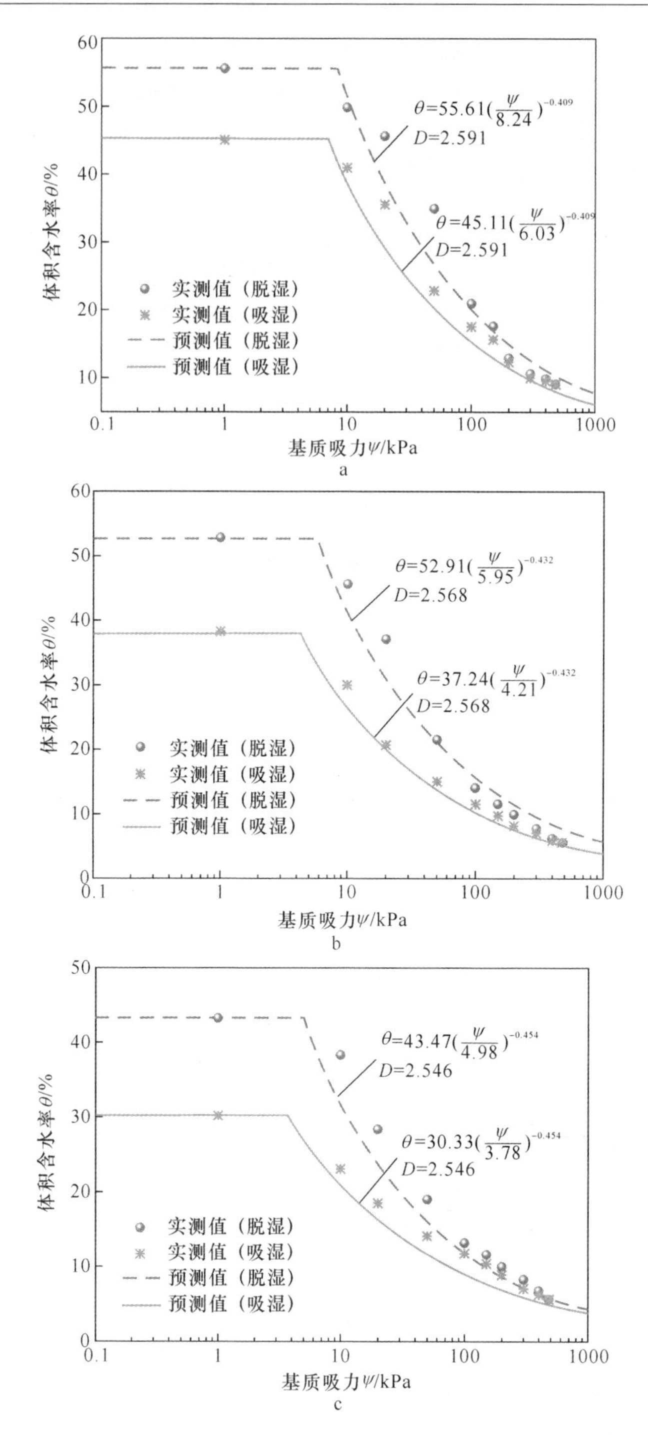

图 6-10　SWCC 实测值与预测值的比较

a—< 0.075mm；b— 0.075 ~0.25mm；c— 0.25 ~0.5mm

在实际应用中，只需测定土样的饱和含水率、进气值及土颗粒级配的质量分布情况，即可得到土-水特征曲线。需要指出的是，SWCC 分形模型预测的精度与分形维数的取值有极大关系，若将颗粒级配与分形维数联系起来，上述方法为土-水特征曲线预测提供了一种新的快速方法，可以减少基质吸力量测耗费的试验时间。对于存在多重分形特性的土样，准确计算其分形维数，是连续级配或多粒级土 SWCC 分形预测精确性的关键问题。

本章小结

（1）单粒级离子型稀土的粒径分布（PSD）具有很好的分形特性，不同粒径范围内的土样具有不同的分形维数，分形维数可以表征土的粒级范围大小，粒径越小的区域，分形维数越大，反之则土的粒级越大。

（2）在离子型稀土脱湿和吸湿过程中，稀土随着粒径增加，孔径大小相应增大，从而基质吸力减小，持水能力减弱。随着粒径增大，饱和含水率逐渐减小，进气值逐渐减小。分形维数越大，饱和含水率和进气值越高。

（3）采用 PSD 的分形维数预测 SWCC 模型具有一定的适用性，预测结果和实测结果比较吻合，为预测离子型稀土的土-水特征曲线提供了一种可行方法，可以减少基质吸力量测耗费的试验时间。但对于存在多重分形特性的连续级配或多粒级土 SWCC 预测，如何准确计算及确定其分形维数有待进一步研究。

参考文献

[1] 黄小卫，李红卫，王彩凤，等．我国稀土工业发展现状及进展［J］．稀有金属，2007，31（3）：279～288.

[2] 池汝安，田君．风化壳淋积型稀土矿评述［J］．中国稀土学报，2007，25（6）：641～650.

[3] 郭钟群，赵奎，金解放，等．不同吸附剂对稀土离子的吸附特性研究进展［J］．中国稀土学报，2018，36（4）：406～416.

[4] 郭钟群，赵奎，金解放，等．离子型稀土原地浸矿过程溶质运移机制研究［J］．中国稀土学报，2019，37（1）：121～128.

[5] Huang X W，Long Z Qi，Wang L S，et al. Technology development for rare earth cleaner hydrometallurgy in China［J］. Rare Metals，2015，34（4）：215～222.

[6] Tian J，Yin J Q，Chi R A，et al. Kinetics on leaching rare earth from the weathered crust elution-deposited rare earth ores with ammonium sulfate solution［J］. Hydrometallurgy，2010，101（3～4）：166～170.

[7] 郭钟群，金解放，赵奎，等．离子吸附型稀土开采工艺与理论研究现状［J］．稀土，2018，39（1）：132～141.

[8] 郭钟群，金解放，王观石，等．风化壳淋积型稀土矿浸取动力学基础理论研究［J］．有色金属科学与工程，2017，8（5）：127～132.

[9] 郭钟群，金解放，赵奎，等．离子型稀土溶浸液毛细上升规律及影响因素研究［J］．有色金属工程，2018，8（2）：78～82.

[10] 饶振华，武立群，袁源明．离子型稀土发现、命名与提取工艺发明大解密［J］．中国金属通报，2007，（29）：8～15.

[11] 丁嘉榆．离子型稀土矿开发的历史回顾——纪念赣州有色冶金研究所建所60周年［J］．有色金属科学与工程，2012，3（4）：14～19.

[12] 程建忠，车丽萍．中国稀土资源开采现状及发展趋势［J］．稀土，2010，31（2）：65～69.

[13] 李永绣，周新木，刘艳珠，等．离子吸附型稀土高效提取和分离技术进展［J］．中国稀土学报，2012，30（3）：258～264.

[14] 郭钟群，赵奎，金解放，等．离子型稀土矿环境风险评估及污染治理研究进展［J］．稀土，2019，40（3）：115～126.

[15] 池汝安，王淀佐．稀土矿物加工［M］．北京：科学出版社，2014.

[16] 李永绣．离子型吸附型稀土资源与绿色提取［M］．北京：化学工业出版社，2014.

[17] 张恋，吴开兴，陈陵康，等．赣南离子吸附型稀土矿床成矿特征概述［J］．中国稀土学报，2015，33（1）：10～17.

[18] 郭钟群，赵奎，金解放，等．离子型稀土开发面临的问题与绿色提取研究进展［J］，化工进展，2019，38（7）：3425～3433.

[19] 李红星，樊贵盛．影响非饱和土渠床入渗能力主导因素的试验研究［J］．水利学报，2009，50（5）：630～634.

[20] 王全九，张继红，谭帅，等．微咸水入渗下施加PAM土壤水盐运移特性研究［J］．土壤学报，2016，53（4）：1056～1064.

[21] 熊勇林，朱合华，叶冠林，等．降雨入渗引起非饱和土边坡破坏的水-土-气三相渗流-变形耦合有限元分析 [J]．岩土力学，2017，38（1）：284～290.

[22] Yin S H，Wang L M，Chen X，et al. Effect of ore size and heap porosity on capillary process inside leaping heap [J]. Transaction of Nonferrous Metals Society of China，2016，26（3）：835～841.

[23] 梁卫国，赵阳升，徐素国，等．原位溶浸采矿理论研究 [J]．太原理工大学学报，2012，43（3）：382～387.

[24] 叶勇军，丁德馨，李广悦，等．堆浸铀矿堆液体饱和渗流规律的研究 [J]．岩土力学，2013，34（8）：2243～2248.

[25] 汤洵忠，李茂楠，杨殿．离子型稀土原地浸析采矿室内模拟试验研究 [J]．中南工业大学学报，1999，30（2）：133～136.

[26] 汤洵忠，李茂楠．离子型稀土矿原地浸析采场的监测 [J]．矿冶工程，2001，21（4）：10～12.

[27] Tian J，Chi R A，Zhu G C，et al. Leaching hydrodynamics of weathered elution-deposited rare earth ore [J]. Transactions of Nonferrous Metals Society of China，2001，11（3）：434～437.

[28] 罗嗣海，黄群群，王观石，等．离子型稀土浸矿过程中渗透性变化规律的试验研究 [J]．有色金属科学与工程，2014，5（2）：95～99.

[29] 吴爱祥，尹升华，李建锋．离子型稀土矿原地溶浸溶浸液渗流规律的影响因素 [J]．中南大学学报（自然科学版），2005，36（3）：506～510.

[30] 孔维长．福建龙岩高泥质风化壳淋积型稀土矿柱浸工艺研究 [J]．中国稀土学报，2018，36（4）：476～485.

[31] 汤洵忠，李茂楠，杨殿．原地浸析采矿中的溶液毛细损失及其对策 [J]．湖南有色金属，1999，15（5）：6～8.

[32] 金解放，邱灿，陶伟，等．毛细上升渗透系数的确定及在离子型稀土毛细上升中的应用 [J]．有色金属科学与工程，2015，6（4）：104～110.

[33] 胡世丽，洪本根，王观石，等．离子型稀土矿土壤有效孔径及其分布参数的测试方法 [J]．中国矿业，2016，25（10）：93～96.

[34] 王观石，邓旭，胡世丽，等．非达西渗流条件下的单孔注液强度计算模型 [J]．矿冶工程，2015，35（3）：4～8.

[35] 桂勇，王观石，赖远明，等．原地浸矿单孔注液影响半径的计算模型 [J]．中国有色金属学报，2018，28（5）：1050～1058.

[36] 桂勇，罗嗣海，王观石，等．原地浸矿单孔注液稳渗流量计算 [J]．哈尔滨工程大学学报，2018，39（4）：680～686.

[37] 王观石，赖远明，龙平，等．离子型稀土原地浸矿注液孔周含水率分布的计算模型 [J]．岩土工程学报，2018，40（5）：910～917.

[38] 王康，张仁铎，王富庆，等．土壤水分运动空间变异性尺度效应的染色示踪入渗试验研究 [J]．水科学进展，2007，18（2）：158～163.

[39] 吴继强，张建丰，高瑞．不同大孔隙深度对土壤水分入渗特性的影响 [J]．水土保持学报，2009，23（5）：91～95.

[40] 聂坤堃，聂卫波，白清俊．沟灌肥液入渗硝态氮运移特性数值模拟及影响因素分析[J]．农业工程学报，2019，35（17）：128～139.

[41] 王述红，何 坚，杨天娇．考虑降雨入渗的边坡稳定性数值分析 [J]．东北大学学报（自然科学版），2018，39（8）：1196～1199.

[42] 刘杰，曾铃，付宏渊，等．土质边坡降雨入渗深度及饱和区变化规律 [J]．中南大学学报（自然科学版），2019，50（2）：452～458.

[43] Richards L A. Capillary conduction of liquids through porous mediums [J]. Journal of Physics, 1931, 1 (5): 318～333.

[44] Richards L A. The usefulness of capillary potential to soil moisture and plant investigaors [J]. Journal of Agricultural Research, 1928, 37: 719～742.

[45] Richards L A, Weeks L. Capillary conductivity values from moisture yield and tension measurements on soil columns [J]. Soil Science Society of America Proceedings, 1953, 55: 206～209.

[46] Green W H, Ampt G A. Studies on soil physics, part Ⅰ: Flow of air and water through soils [J]. Journal of Agricultural Sciences, 1911, 4 (1): 1～24.

[47] 彭振阳，黄介生，伍靖伟，等．基于分层假设的 Green-Ampt 模型改进 [J]．水科学进展，2012，23（1）：59～66.

[48] 赵伟霞，张振华，蔡焕杰，等．恒定水头井入渗 Green-Ampt 模型的改进与验证 [J]．水利学报，2010，41（4）：464～470.

[49] Sepaskhah A R, Chitsaz H. Validating the Green-Ampt analysis of wetted radius and depth in trickle irrigation [J]. Biosystems Engineering, 2004, 89 (2): 231～236.

[50] Markus Hilpert, Roland Glantz. Exploring the parameter space of the Green-Ampt model [J]. Advances in Water Resources, 2013, 53: 225～230.

[51] Xiang L, Liang W W, Zhu Y S, et al. Self-adaptive Green-Ampt infiltration parameters obtained from measured moisture processes [J]. Water Science and Engineering, 2016, 9 (3): 256～264.

[52] 毛丽丽，雷廷武．用修正的 Green-Ampt 模型确定土壤入渗性能的速算方法 [J]．农业工程学报，2010，26（12）：53～57.

[53] 吕特，张洁，薛建峰，等．Green-Ampt 模型渗透系数取值方法研究 [J]．岩土力学，2015，36（S1）：341～345.

[54] 郭钟群，金解放，赵奎，等．风化壳淋积型稀土矿 Green-Ampt 入渗模型的改进与验证[J]．稀土，2018，39（3）：33～40.

[55] 尹升华，谢芳芳．基于 Green-Ampt 模型离子型稀土柱浸试验入渗水头的确定 [J]．中国有色金属学报，2016，26（12）：2668～2675.

[56] Philip J R. The theory of infiltration: 1. the infiltration equation and its solution [J]. Soil Science, 1957, 83 (5) 345～358.

[57] Smith R E. The infiltration envelope: Results from a theoretical infiltrometer [J]. Journal of Hydrology, 1972, 17 (1～2): 1～21.

[58] Smith R E, Parlange J Y. A parameter-efficient hydrologic infiltration model [J]. Water Resources Research, 1978, 14 (3): 533～538.

[59] Kostiakov A N. On the dynamics of the coeffient of water percolation in soils and the necessity of studying it from a dynamic point of view for purposes of amelioration [J]. Journal of Soil Science, 1932, 97 (1): 17~21.

[60] Horton R E. An approach towards a physical interpretation of infiltration-capacity [J]. Soil Science Society of America Proceedings, 1940, 5: 399~417.

[61] Hortan H N. A concept for infiltration estimates in watershed engineering [J]. Agricultural Research Service Publication, 1961, 39 (30): 41~45.

[62] Jahanshir M H, Manouchehr H. Application of the Green-Ampt model for infiltration into layered soils [J]. Journal of Hydrology, 2015, 527: 824~832.

[63] Mao L L, Li Y Z, Hao W P, et al. A new method to estimate soil water infiltration based on a modified Green-Ampt model [J]. Soil & Tillage Research, 2016, 161: 31~37.

[64] 王全九，来剑斌，李毅. Green-Ampt 模型与 Philip 入渗模型的对比分析 [J]. 农业工程学报，2002，18 (2): 13~16.

[65] 邵明安，王全九，黄明斌. 土壤物理学 [M]. 北京：高等教育出版社，2006.

[66] 盛岱超，杨超. 关于非饱和土本构研究的几个基本规律的探讨 [J]. 岩土工程学报，2012，34 (3): 438~455.

[67] 赵成刚，刘艳，周贵荣，等. 非饱和土本构模型研究进展 [J]. 北京工业大学学报，2008，34 (8): 820~829.

[68] 韦昌富，侯龙，简文星. 非饱和土力学 [M]. 北京：高等教育出版社，2012.

[69] Charles W W Ng, Pang Y W. Influence of stress state on soil-water characteristics and slope stability [J]. Journal of Geotechnical and Geoenvironmental Engineering, ASCE, 2000, 126 (2): 157~166.

[70] Zhou J, Yu J L. Influences affecting the soil-water characteristics curve [J]. Journal of Zhejiang University Science, 2005, 6A (8): 797~804.

[71] Sreedeep S, Singh D N. Critical review of the methodologies employed for soil suction measurement [J]. International Journal of Geomechanics, 2011, 11 (2): 99~104.

[72] 刘文化. 干湿循环对非饱和土力学特性影响及非饱和土本构关系探讨 [D]. 大连：大连理工大学，2015.

[73] Li J H, Lu Z, Guo L B, et al. Experimental study on soil-water characteristic curve for silty clay with desiccation cracks [J]. Engineering Geology, 2017, 218: 70~76.

[74] Gardner W R. Some steady-state solutions of the unsaturated moisture flow equation with application to evaporation from a water table [J]. Soil Science, 1958, 85 (4): 228~232.

[75] Brooks R H, Corey A T. Hydraulic properties of porous media [M]. Colorado State University, Colorado: Fort Collins, 1964.

[76] Van Genuchten MT. A closed-form equation for predicting the hydraulic conductivity of unsaturated soils [J]. Soil Science Society of America Journal. 1980, 44 (5): 892~898.

[77] Fredlund D G, Xing A Q. Equations for the soil-water characteristic curve [J]. Canadian Geotechnical Journal, 1994, 31 (4): 521~532.

[78] Fredlund D G, Xing A Q, Fredlund M D, et al. The relationship of the unsaturated soil shear

strength to the soil-water characteristic curve [J]. Canadian Geotechnical Journal, 1996, 33 (3): 440 ~ 448.

[79] Farrel D A, Larson W E. Modeling the pore structure of porous media [J]. Water Resource Research, 1972, 3: 699 ~ 706.

[80] Roger B C, Hornberger G M. Empirical equations for some soil hydraulic properties [J]. Water Resource Research, 1978, 14: 601 ~ 604.

[81] Willams J, Preeble R E, Williams W T. The influence of texture, structure and clay mineralogy on the soil moisture characteristics [J]. Australian Journal of Soil Research, 1983, 21: 15 ~ 32.

[82] Mckee C R, Bumb A C. The importance of unsaturated flow parameters in designing a monitoring system for hazardous waters and environmental emergencies [C] // Proceedings of Hazardous Materials Control Research Institute National Conference. Houston, 1984: 50 ~ 58.

[83] Russo D. Determining soil hydraulic properties by parameter estimation: On the selection of a model for the hydraulic properties [J]. Water Resources Research, 1988, 24 (3): 453 ~ 459.

[84] 居尚威, 李雄威. 非饱和土基质吸力测试技术的分析与实践 [J]. 常州工学院学报, 2016, 29 (4): 1 ~ 6.

[85] 陈锐, 陈中奎, 张敏, 等. 新型高量程张力计在吸力量测中的应用 [J]. 水利学报, 2013, 44 (6): 743 ~ 747.

[86] Stannard D I. Tensiometers-theory, construction and use [J]. Geotechnical Testing Journal, 1992, 15 (1): 48 ~ 58.

[87] Bocking K A, Fredlund D G. Use of the osmotic tensiometer to measure negative pore water pressure [J]. Geotechnical Testing Journal, 1979, 2 (1): 3 ~ 10.

[88] Zhai Q, Harianto R, Alfrendo S, et al. Effect of bimodal soil-water characteristic curve on the estimation of permeability function [J]. Engineering Geology, 2017, 230 (12): 142 ~ 151.

[89] 陈东霞. 厦门地区非饱和残积土土水特征及强度性状研究 [D]. 杭州: 浙江大学, 2014.

[90] Houston S L, Houston W N, Wagner A. Laboratory filter paper suction measurements [J]. Geotechnical Testing Journal, 1994, 17 (2): 185 ~ 194.

[91] Fredlund D G, Wong D K. Calibration of thermal conductivity sensors for measuring soil suction [J]. Geotechnical Testing Journal, 1989, 12 (3): 188 ~ 194.

[92] Spanner D C. The peltier effect and its use in the measurement of suction pressure [J]. Journal of Experimental Botany, 1951, 11: 145 ~ 168.

[93] Wiederhold P R. Water vapor measurement methods and instrumentation [M]. New York: Marcel Dekker, 1997.

[94] Albrecht B A, Benson C H, Beurmann S. Polymer capacitance sensors for measuring soil gas humidity in drier soils [J]. Geotechnical Testing Journal, 2003, 23 (1): 3 ~ 11.

[95] Young J F. Humidity control in the laboratory using salt solution-A review [J]. Journal of Applied Chemistry, 1967, 17: 241 ~ 245.

[96] Likos W J, Lu N, Automated humidity system for measuring total suction characteristics of clay [J]. Geotechnical Testing Journal, 2003, 26 (2): 178 ~ 189.

[97] Likos W J, Lu N, Filter paper technique for measuring total soil suction [J]. Transportation Research Record Journal of the Transportation Research Board, 2002, 1786 (1): 120 ~ 128.

[98] Xu Y F, Sun D A. Correlation of surface fractal dimension to frictional angle at critical state [J]. Geotechnique, 2005, 55 (9): 691 ~ 696.

[99] 冯君, 巫锡勇, 孟少伟. 非饱和黏性土土水特征曲线的分形特性研究 [J]. 铁道科学与工程学报, 2017, 14 (7): 1435 ~ 1441.

[100] Kravchenko A, Zhang R. Estimating the soil water retention from particle size distributions: A fractal approach [J]. Soil Science, 1998, 163: 171 ~ 179.

[101] Perrier E, Rieu M, Sposito G, et al. Models of the water retention curve for soils with a fractal pore size distribution [J]. Water Resources Research, 1996, 32: 3025 ~ 3031.

[102] Posadas A N D, Gimenez D, Bittelli M, et al. Multifractal characterization of soil particle-size distributions [J]. Soil Science Society of America Journal, 2001, 65: 1361 ~ 1367.

[103] Bittelli M, Campbell G S, Flury M. Characterization of particle-size distribution in soils with a fragmentation model [J]. Soil Science Society of America Journal, 1999, 63: 782 ~ 788.

[104] Tyler S W, Wheatcraft S W. Fractal scaling of soil particle-size distributions: analysis and limitations [J]. Soil Science Society of America Journal, 1992, 56 (2): 362 ~ 369.

[105] Gupta S, Larson W. Estimating soil water retention characteristics from particle size distribution, organic matter percent, and bulk density data [J]. Water Resources Research, 1979, 15 (6): 1633 ~ 1635.

[106] Arya L M, PARIS J F. A physicoempircal model to predict the soil moisture characteristic from particle-size distribution and bulk density data [J]. Soil Science Society of America Journal, 1981, 45 (6): 1023 ~ 1030.

[107] Arya L M, Leij F J, Van Genuchten M T, et al. Scaling parameter to predict the soil water characteristic from particle - size distribution data [J]. Soil Science Society of America Journal, 1999, 63 (3): 510 ~ 519.

[108] Fredlund M D, Fredlund D G, Wilson G. Prediction of the soil-water characteristic curve from grain-size distribution and volume-mass properties [C] // Proceedings of 3rd Brazilian Symposium on Unsaturated Soils, Rio de Janeiro, 1997, 1: 13 ~ 23.

[109] 徐永福, 董平. 非饱和土的水分特征曲线的分形模型 [J]. 岩土力学, 2002, 23 (4): 400 ~ 405.

[110] 徐永福, 黄寅春. 分形理论在研究非饱和土力学性质中的应用 [J]. 岩土工程学报, 2006, 28 (5): 635 ~ 638.

[111] 陶高梁, 张季如, 庄心善, 等. 描述黏粒含量对土-水特征曲线影响规律的分形模型 [J]. 水利学报, 2014, 45 (4): 490 ~ 496.

[112] 张季如, 胡泳, 余红玲, 等. 黏性土粒分布的多重分形特性及土-水特征曲线的预测研究 [J]. 水利学报, 2015, 46 (6): 650 ~ 657.

[113] 胡冉, 陈益峰, 周创兵. 基于孔隙分布的变形土水特征曲线模型 [J]. 岩土工程学报, 2013, 35 (8): 1451 ~ 1462.

[114] 栾茂田, 李顺群, 杨庆. 非饱和土的理论土-水特征曲线 [J]. 岩土工程学报, 2005,

27 (6): 611 ~ 615.

[115] 蔡国庆，赵成刚，刘艳. 非饱和土土-水特征曲线的温度效应 [J]. 岩土力学，2010，31 (4): 1055 ~ 1060.

[116] Black W P M. A method of estimating the California bearing ratio of cohesive soils from plasticity data [J]. Geotechnique, 1962, 12 (4): 271 ~ 282.

[117] Mitchell P W, Avalle D L. A technique to predict expansive soil movement [C] // Proceedings of the Fifth International Conference on Expansive Soils, Adelaide, South Australia, 1984.

[118] 牛庚，孙德安，韦昌富，等. 游离氧化铁对红黏土持水特性的影响 [J]. 岩土工程学报，2018，40 (12): 2318 ~ 2324.

[119] 黄伟，刘清秉，项伟，等. 离子固化剂改性蒙脱土吸附水特性及持水模型研究 [J]. 岩土工程学报，2019，41 (1): 121 ~ 130.

[120] 张悦，叶为民，王琼，等. 含盐遗址重塑土的吸力测定及土水特征曲线拟合 [J]. 岩土工程学报，2019，41 (9): 1661 ~ 1669.

[121] 谢妍，谭晓慧，沈梦芬，等. 纤维改性膨胀土的土水特征曲线研究 [J]. 工业建筑，2014，44 (10): 91 ~ 95.

[122] Chiu C F, Yan W M, Yuan K V. Estimation of water retention curve of granular soils from particle- size distribution—a Bayesian probabilistic approach [J]. Canadian Geotechnical Journal, 2012, 49 (9): 1024 ~ 1035.

[123] Rajkai K, Kabos S, Van Genuchten M T, et al. Estimation of water-retention characteristics from the bulk density and particle-size distribution of swedish soils [J]. Soil Science, 1996, 161 (12): 832 ~ 845.

[124] 陈宇龙，内村太郎. 粒径对土持水性能的影响 [J]. 岩石力学与工程学报，2016，35 (7): 1474 ~ 1482.

[125] 徐晓兵，陈云敏，张旭俊，等. 基于颗分曲线预测可降解土体土水特征曲线的初探研究 [J]. 土木工程学报，2016，49 (12): 108 ~ 113.

[126] Miller C J, Yesiller N, Yaldo K, et al. Impact of soil type and compaction conditions on soil water characteristic [J]. Journal of Geotechnical and Geoenvironmental Engineering, ASCE, 2002, 128 (9): 733 ~ 742.

[127] 伊盼盼，牛圣宽，韦昌富. 干密度和初始含水率对非饱和重塑粉土土水特征曲线的影响 [J]. 水文地质工程地质，2012，39 (1): 42 ~ 46.

[128] 梁燕，杜鑫，黄富斌，等. 含水率与土样异向对原状非饱和黄土土-水特征影响试验研究 [J]. 重庆交通大学学报 (自然科学版)，2016，35 (6): 57 ~ 59.

[129] 王钊，邹维列，李侠. 非饱和土吸力测量与应用 [J]. 四川大学学报 (工程科学版)，2004，36 (2): 1 ~ 6.

[130] Zhou A N, Sheng D C, Carter J P. Modelling the effect of initial density on soil-water characteristic curves [J]. Geotechnique, 2012, 62 (8): 669 ~ 680.

[131] Sheng D C, Zhou A N. Coupling hydraulic with mechanical models for unsaturated soils [J]. Canadian Geotechnical Journal, 2011, 48 (5): 826 ~ 840.

[132] 陈宇龙，内村太郎．不同干密度下非饱和土土-水特征曲线［J］．中南大学学报（自然科学版），2017，48（3）：813～819.

[133] 褚峰，邵生俊，陈存礼．干密度和竖向应力对原状非饱和黄土土水特征影响的试验研究［J］．岩石力学与工程学报，2014，33（2）：413～420.

[134] 李志清，胡瑞林，王立朝，等．非饱和膨胀土 SWCC 研究［J］．岩土力学，2006，27（5）：730～734.

[135] Miao Linchang，Jing Fei，Houston S L. Soil-water characteristic curve of remolded expansive soils［C］//Inproceedings of unsaturated soil，ASCE，2006，997～1004.

[136] 詹良通，包承纲，龚壁卫．土-水特征曲线及其在非饱和土力学中的应用［C］// 南水北调膨胀土渠坡稳定和滑动早期预报研究论文集，长江科学院，1998. 11.

[137] 张涛，乐金朝，张俊然．压实度和干湿循环对豫东粉土土-水特征曲线的影响［J］．郑州大学学报（工学版），2016，37（6）：53～57.

[138] Vanapalli S K，Fredlund D G，Pufahl D E. The influence of soil structure and stress history on the soil-water characteristics of a compacted till［J］．Geotechnique，2001，51（6）：573～576.

[139] Charles W W Ng，Pang Y W. Experimental investigations of the soil-water characteristics of a volcanic soil［J］．Canadian Geotechnical Journal，2011，37（6）：1252～1264.

[140] 龚壁卫，吴宏伟，王斌．应力状态对膨胀土 SWCC 的影响研究［J］．岩土力学，2004，25（12）：1915～1918.

[141] 汪东林，栾茂田，杨庆．重塑非饱和黏土的土-水特征曲线及其影响因素研究［J］．岩土力学，2009，30（3）：751～756.

[142] Wang C，Lai Y M，Zhang M Y. Estimating soil freezing characteristic curve based on pore-size distribution［J］．Applied Thermal Engineering，2017，（124）：1049～1060.

[143] Salager S，Ei Youssoufi M S，Saix C. Effect of temperature on water retention phenomena in deformable soils：theoretical and experimental aspects［J］．European Journal of Soil Science，2010，61（1）：97～107.

[144] 王铁行，卢靖，岳彩坤．考虑温度和密度影响的非饱和黄土土-水特征曲线研究［J］．岩土力学，2008，29（1）：1～5.

[145] 王雪冬，李世宇，孙延峰，等．冻融循环作用对露天矿排土场土料土水特征的影响［J］．煤田地质与勘探，2019，47（5）：138～143.

[146] Nam S，Gutierrez M，Diplas P，et al. Comparison of testing techniques and models for establishing the SWCC of riverbank soil［J］．Engineering Geology，2010，110（1）：1～10.

[147] Agus S S，Schanz T. Comparison of four methods for measuring total suction［J］．Vadose Zone Journal，2005，4（4）：1087～1095.

[148] 刘文化，杨庆，唐小微，等．制样方法和干湿循环对粉质黏土土-水特征曲线影响［J］．大连理工大学学报，2015，55（2）：179～184.

[149] 赵天宇，王锦芳．考虑密度与干湿循环影响的黄土土水特征曲线［J］．中南大学学报（自然科学版），2012，43（6）：2445～2453.

[150] 陈留凤，彭华．干湿循环对硬黏土的土水特性影响规律研究［J］．岩石力学与工程学报，2016，35（11）：2337～2344.

[151] 张俊然，许强，孙德安．多次干湿循环后土-水特征曲线的模拟［J］．岩土力学，2014，35（3）：689～695.

[152] 黄英，程富阳，金克盛．干湿循环下云南非饱和红土土-水特性研究［J］．水土保持学报，2018，32（6）：97～106.

[153] 郭钟群，金解放，秦艳华，等．南方离子型稀土一维水平入渗规律试验研究［J］．有色金属科学与工程，2017，8（2）：102～106.

[154] 郭钟群，赖远明，赵奎，等．恒定水头条件下离子型稀土单井注液影响范围研究［J］．中国有色金属学报，2018，28（9）：1918～1927.

[155] Chu S T. Green－Ampt analysis of wetting patterns for surface emitters［J］. Irrigation and Drainage Engineer，1994，119（3）：443～456.

[156] 刘一飞，郑东生，杨兵，等．粒径及级配特性对土体渗透系数影响的细观模拟［J］．岩土力学，2019，40（1）：403～412.

[157] 李术才，刘洪亮，李利平，等．基于数码图像的掌子面岩体结构量化表征方法及工程应用［J］．岩石力学与工程学报，2017，36（1）：1～9.

[158] Liu Chun，Shi Bin，Zhou Jian，et al. Quantification and characterization of microporosity by image processing，geometric measurement and statistical methods：Application on SEM images of clay materials［J］. Applied Clay Science，2011，54（1）：97～106.

[159] Philippe J，Francoise G，Lyesse L，et al. Automated digital image processing for volume change measurement in triaxial cells［J］. Geotechnical Testing Journal，2006，30（2）：98～103.

[160] 刘春，许强，施斌，等．岩石颗粒与孔隙系统数字图像识别方法及应用［J］．岩土工程学报，2018，40（5）：925～931.

[161] 张文捷，姚德生，盛金昌，等．数字图像处理技术在混凝土渗流分析中的应用［J］．河海大学学报（自然科学版），2009，37（6）：731～735.

[162] Guo Zhongqun，Lai Yuanming，Jin Jiefang，et al. Effect of particle size and grain composition on two－dimensional infiltration process of the weathered crust elution－deposited rare earth ores［J］. Transactions of Nonferrous Metals Society of China，2020，30（6）：1647～1661.

[163] 杨保华．堆浸体系中散体孔隙演化机理与渗流规律研究［D］．长沙：中南大学，2009.

[164] Qian Zhai，Harianto Rahardjo. Estimation of permeability function from the soil－water characteristic curve［J］. Engineering Geology，2015（199）：148～156.

[165] 陈仲颐，张在明，陈愈炯，等合译．非饱和土土力学［M］．北京：中国建筑工业出版社，1997.

[166] Guo Zhongqun，Lai Yuanming，Jin Jiefang，et al. Effect of Particle Size and Solution Leaching on Water Retention Behavior of Ion－absorbed Rare Earth，Geofluids，2020，article 4921807：1～14.

[167] 中华人民共和国工业和信息化部．离子型稀土原矿化学分析方法离子相稀土总量的测定：XB/T619—2015［S］．北京：中国标准出版社，2015.

[168] Pham H Q. A volume－mass constitutive model for unsaturated soils［Ph. D. Thesis］［D］. Saskatoon，Canada：University of Saskatchewan，2005.

[169] Liu C，Shi B，Zhou J，et al. Quantification and characterization of microporosity by image

processing，geometric measurement and statistical methods：application on SEM images of clay materials [J]. Applied Clay Science，2011，54 (1)：97～106.

[170] Liu C，Tang C S，Shi B，et al. Automatic quantification of crack patterns by image processing [J]. Computers and Geosciences，2013，57：77～80.

[171] 陈辉. 非饱和土水力特性测试理论与方法研究 [D]. 武汉：中国科学院武汉岩土力学研究所，2010.

[172] 赵明华，刘小平，彭文祥. 水膜理论在非饱和土中吸力的应用研究 [J]. 岩土力学，2007，28 (7)：1323～1327.

[173] 殷宗泽，等. 土工原理 [M]. 北京：中国水利水电出版社，2007.

[174] 朱华，姚翠翠. 分形理论及其应用 [M]. 北京：科学出版社，2011.

[175] Gimenez D，Perfect E，Rawls W J，et al. Fractal models for predicting soil hydraulic properties：a review [J]. Engineering Geology，1997，48：161～183.

[176] 陈镠芬，高庄平，朱俊高，等. 粗粒土级配及颗粒破碎分形特性 [J]. 中南大学学报(自然科学版)，2015，46 (9)：3446～3453.

[177] 冯君，巫锡勇，孟少伟. 非饱和黏性土土水特征曲线的分形特征研究 [J]. 铁道科学与工程学报，2017，14 (7)：1435～1441.

[178] 张季如，胡泳，余红玲，等. 黏性土粒径分布的多重分形特性及土-水特征曲线的预测研究 [J]. 水利学报，2015，46 (6)：650～657.

[179] Zhong Wen，Yue Fucai，Ciancio Armando. Fractal behavior of particle size distribution in the rare earth tailings crushing process under high stress condition [J]. Applied Sciences，2018，8，1058；doi：10.3390/app8071058.

[180] Perrier E，Bird N，Rieu M. Generalizing the fractal model of soil structure：the pore-solid fractal approach [J]. Geoderma，1999，88：137～164.

[181] Bird N R A，Perrier E，Rieu M. The water retention function for a model of soil structure with pore and solid fractal distributions [J]. European Journal of Soil Science，2000，51：55～63.